四粒红花生仁

四粒红花生

四粒红花生果

花 生 果

1

花生地膜
覆盖栽培

地膜覆盖花生田

地膜覆盖花生
初花期

技术员指导
花生种植

田间检查

喷除草剂

装运花生

花生分装运输

3

花生网斑病

花生病斑

花生叶斑病

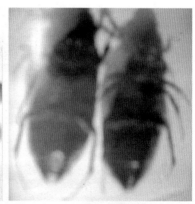

金针虫

新农村建设致富典型示范丛书

花生地膜覆盖高产栽培致富

——吉林省白城市林海镇

主 编

聂 君　聂魁巍

副主编

任晓远　李晓利

编著者

聂 君　聂魁巍　任晓远

李晓利　沙洪珍　刘 涛

侯冠宇　刘 浩　方明晶

孙天燕　张宏宇　王春杰

阴 闯　常国辉　翟洪凯

吴宏秋　吴春梅

金盾出版社

内 容 提 要

本书为新农村建设致富典型示范丛书之一。主要内容:引领种植花生致富的带头人,花生不同生长期对环境条件的要求,花生地膜覆盖高产栽培技术,花生地膜覆盖试验总结,微量元素与植物生长期调节剂在生产中的应用,花生高产品种简介,花生主要病虫害防治技术。事迹真实可信,文字通俗易懂,可操作性强。适合花生种植区农民阅读,亦可作为花生产区农村科普读本,还可作相关院校师生参考书。

图书在版编目(CIP)数据

花生地膜覆盖高产栽培致富/聂君,聂魁巍主编. -- 北京:金盾出版社,2011.5
(新农村建设致富典型示范丛书)
ISBN 978-7-5082-6879-8

Ⅰ.①花… Ⅱ.①聂…②聂… Ⅲ.①花生—地膜栽培 Ⅳ.①S565.204.8

中国版本图书馆 CIP 数据核字(2011)第 028429 号

金盾出版社出版、总发行
北京太平路 5 号(地铁万寿路站往南)
邮政编码:100036 电话:68214039 83219215
传真:68276683 网址:www.jdcbs.cn
封面印刷:北京蓝迪彩色印务有限公司
彩页正文印刷:北京金盾印刷厂
装订:永胜装订厂
各地新华书店经销
开本:787×1092 1/32 印张:4.125 彩页:4 字数:83 千字
2011 年 5 月第 1 版第 1 次印刷
印数:1~8 000 册 定价:8.00 元
(凡购买金盾出版社的图书,如有缺页、
倒页、脱页者,本社发行部负责调换)

前　言

目前,我国农业已进入由传统农业向现代农业发展的新阶段。随着人们生活水平的提高,健康化农业产品的需求将日益增强,发展国内外急需的健康农产品花生,全面提高花生的产量和质量,已成为新时期发展农业商品生产的必然选择。

花生是我国重要的经济作物,在国民经济和社会发展中占有重要地位。花生是重要的油料作物,是营养丰富的食品,花生又是发展畜牧业的良好饲料。花生的生产效益普遍高于其他大田作物,农民种植花生可以得到比种植其他农作物更高的效益,对于增加农民收入有重要意义。为此,大力发展花生生产具有广阔的发展前景。当前,要使花生生产提高产品质量和产量,就要加大科技投入,积极培育优质高产品种,同时要积极推广先进的花生栽培技术,做到良种、良法配套,以提高花生生产的效益。

为了发展我国的花生种植生产,推动我国花生产业的发展,宣传普及花生科技知识,我们根据多年积累的实践经验,并收集和参阅了有关文献资料,组织编写了《花生地膜覆盖高产栽培致富》一书。

本书内容包括吉林省白城市洮北区林海镇四合村引领种植花生致富的带头人引领农户种花生的事迹,花生生产在国民经济中的意义,花生地膜覆盖高产栽培技术,花生主要病虫害防治技术,微量元素与植物生产调节剂在花生生产中的应用等,旨在为发展花生生产尽微薄之力。

由于笔者水平有限,加之时间仓促,书中难免有疏漏和不足之处,恳请广大读者和专家不吝指正。

编著者

目　录

一、引领种植花生致富的带头人 …………………（1）

（一）积极寻找致富路 ………………………（1）

（二）率先带头种花生 ………………………（2）

（三）地膜花生效益增 ………………………（4）

（四）带动村镇效益高 ………………………（5）

二、花生不同生长期对环境条件的要求…………（8）

（一）花生种子发芽出苗期对环境条件的

要求 …………………………………（8）

（二）花生幼苗期对环境条件的要求 ………（9）

（三）花生开花下针期对环境条件的要求……（11）

（四）花生结荚期对环境条件的要求…………（12）

（五）花生饱果成熟期对环境条件的要求……（13）

三、花生地膜覆盖高产栽培技术 ………………（15）

（一）花生地膜覆盖栽培增产效果…………（16）

（二）花生地膜覆盖增产的原因……………（16）

1. 提高了耕层土壤温度 ……………（17）

2. 提高了保墒、抗旱、防涝能力 ……（18）

3. 增加了土壤养分 …………………（19）

4. 促进了花生提早成熟 ……………（19）

5. 促进了单株结果多 ………………（20）

（三）花生地膜覆盖栽培的益处 …………………（21）

  1. 缓和季节紧张矛盾 …………………（21）

  2. 改善土壤水分状况 …………………（21）

  3. 改善土壤理化和生物性状 …………（21）

  4. 改善近地小气候 ……………………（22）

  5. 防除杂草、抑制病虫鼠害 …………（22）

（四）花生地膜覆盖的技术措施 ………………（22）

  1. 选好地块 ……………………………（22）

  2. 精细整地 ……………………………（23）

  3. 起垄、喷洒除草剂 …………………（26）

  4. 做畦与密度 …………………………（31）

  5. 地膜的选择 …………………………（32）

  6. 选用优良品种 ………………………（34）

  7. 花生覆膜技术环节 …………………（34）

  8. 合理轮作 ……………………………（36）

  9. 规范种植 ……………………………（36）

  10. 加强田间管理 ……………………（39）

  11. 花生施肥技术 ……………………（42）

  12. 收获 ………………………………（44）

四、花生地膜覆盖试验总结 ……………………（46）

（一）花生地膜覆盖试验田实施方案 …………（46）

  1. 推广的主要内容 …………………（46）

  2. 实施地点、规模 ……………………（48）

  3. 年度计划内容、进度和考核指标 ………（49）

　(二)花生地膜覆盖栽培技术试验总结………(49)
　　1. 完成情况 ………………………(50)
　　2. 组织实施 ………………………(50)
　　3. 技术措施 ………………………(52)
五、微量元素与植物生产调节剂在花生生产
　中的应用 …………………………(54)
　(一)硼素肥料………………………(54)
　　1. 功能 ……………………………(54)
　　2. 效果 ……………………………(54)
　　3. 施用方法 ………………………(55)
　(二)钼素肥料………………………(55)
　　1. 功能 ……………………………(55)
　　2. 效果 ……………………………(56)
　　3. 施用方法 ………………………(56)
　(三)锌素肥料………………………(57)
　　1. 功能 ……………………………(57)
　　2. 效果 ……………………………(57)
　　3. 施用方法 ………………………(58)
　(四)锰肥………………………………(58)
　　1. 作基肥 …………………………(58)
　　2. 施用方法 ………………………(58)
　(五)花生增产灵……………………(59)
　(六)稀土肥料………………………(59)
　　1. 功能 ……………………………(59)

2. 效果 ································ (59)

3. 施用方法 ························ (59)

(七)植物生长调节剂 ··················· (60)

1. 多效唑(又名 P_{333}) ··········· (60)

2. 高效花生增长剂 ··············· (61)

六、花生高产品种简介 ··············· (63)

(一)适合地膜覆盖的花生高产良种 ·········· (63)

1. 海花 1 号 ····················· (63)

2. 鲁花 11 号 ····················· (64)

3. 冀油 4 号 ····················· (64)

4. 北京 6 号 ····················· (65)

5. 徐花 5 号 ····················· (66)

6. 天府 10 号 ····················· (66)

7. 鲁花 14 ····················· (67)

8. 中花 5 号 ····················· (68)

(二)适合地膜覆盖的大、小粒型良种 ········ (69)

1. 花育 22 号 ····················· (69)

2. 花育 24 号 ····················· (70)

3. 花育 25 号 ····················· (71)

4. 潍花 8 号 ····················· (72)

5. 山花 7 号 ····················· (73)

6. 临花 6 号 ····················· (74)

7. 邢花 2 号 ····················· (75)

8. 豫花 7 号 ····················· (76)

9. 开农 30 ……………………………………（77）

10. 花育 20 号 ………………………………（78）

11. 花育 23 号 ………………………………（79）

12. 花育 28 号 ………………………………（80）

13. 丰花 4 号 ………………………………（81）

14. 青兰 2 号 ………………………………（82）

七、花生主要病虫害防治技术 ………………（84）

(一)花生病害及防治技术 ……………………（84）

1. 花生锈病 …………………………………（84）

2. 花生网斑病 ………………………………（85）

3. 花生病毒病 ………………………………（88）

4. 花生青枯病 ………………………………（89）

5. 花生根结线虫病 …………………………（91）

6. 花生茎腐病 ………………………………（93）

(二)花生虫害及防治技术 ……………………（94）

1. 蚜虫 ………………………………………（94）

2. 蛴螬 ………………………………………（97）

3. 金针虫 …………………………………（102）

4. 蝼蛄 ……………………………………（103）

5. 地老虎 …………………………………（105）

6. 蒙古灰象甲 ……………………………（108）

(三)花生的主要草害种类 …………………（109）

1. 狗尾草 …………………………………（109）

2. 白茅 ……………………………………（110）

3. 马齿苋 …………………………… (110)

4. 野苋菜 …………………………… (111)

5. 藜 ………………………………… (111)

6. 铁苋头 …………………………… (112)

7. 小蓟和大蓟 ……………………… (112)

8. 香附子 …………………………… (112)

(四)花生主要草害的防治技术 ………… (113)

1. 农业措施除草 …………………… (113)

2. 化学农药除草 …………………… (114)

一、引领种植花生致富的带头人

提起高浅龙，在吉林省白城市洮北区林海镇方圆几十里真是谁人不知、谁人不晓啊。人们闲暇唠起农户明年应该种什么、种什么能挣钱时，都异口同声地说，那要看人家高浅龙种什么。高浅龙近年来坚持年年种花生，并不断地改进栽培技术，发展地膜花生，不断提高花生的质量和产量，增加收入。仅种花生一项年收入就过 30 多万元。成为当地种植花生致富的带头人，并被吉林省白城市科教兴农领导小组评为花生栽培技术能手。

（一）积极寻找致富路

高浅龙于 1963 年 1 月 22 日出生在吉林省白城市林海镇四合村的一个农民家庭。1979 年初中毕业后，便回到村里参加农业生产。他从小就特别勤奋，劳动积极肯干、思想活跃，干农活爱动脑筋，经常思考地怎么种能高产、种什么效益好、收入高，很快便成了种地能手。

20 世纪 80 年代末期，他看到当年农民种植农作物品种单一，家家户户耕地里几乎种的全是玉米。当时,种玉米投入高,玉米价格又相对较低,因此农民年年种玉米,但收入年年增长缓慢。他就想,能否引进其他作物来改善现在种植作物单一的局面,并通过引进其他经济作物来增收。作为一个有文化的农民,一个立志于致富奔小康的热血青年,开始考虑怎样让自己致富,也让全村人致富。为了探索农民致富的道路,他从科技报上看到种花生效益好,又发现附近有的农民种植花生得到了较高的收入。当时卖1000克玉米收入才0.6元左右,而卖1 000克花生收入在1.4元左右。但当时当地农民的确没有种花生的。这时,高浅龙经过充分考虑后,萌生了一个大胆的想法,先从自己的耕地里试种花生。想到此,他浑身充满了力量,对致富奔小康充满了希望。他把这个想法告诉了家里人,谁知家里的长辈不但不支持,还坚决反对。理由是,种玉米虽然收入少点,但种1公顷也能收个1000~2 000元钱,你种花生,一没种过,二没经验,如种不好没收成,一年几千元就白扔了。但高浅龙决心已下,他一方面学习种花生的书本知识,另一方面到外地学习种花生的技术,为种花生做好了思想上和技术上的准备。

(二)率先带头种花生

高浅龙经过一冬天的学习、取经,倍感信心十足,说干就干,积极筹备种植生产资料,将理想转化为实际行动。他在学习期间,将如何选择地块、如何整地、如何选种以及田间管理等项技术都做了详细的记录,做到了每一个生产环节都按栽培技术要求安排,精心组织,认真实施。

他第一次种花生,而且要争取一次种植成功。为此,他格外小心,一丝不苟。首先在地块选种上,就注意选择具有一定沙性、土质疏松的土壤。在选好的地块起垄,喷除草剂,精心整地,注意合理密植,加大花生主要病虫害防治技术,使第一年种的花生就获得了好的收成。1987年当年,他1公顷地收花生3 000千克,每千克售价1.4元,收入4 000多元。比种玉米收入高出70%多。从而增强了高浅龙继续种植花生的信心,也得到了宝贵的生产经验;同时,也激励了乡亲们种植花生的热情。第二年,就有几十户农民本着试试看的心理跟着高浅龙由种玉米改种花生了。

在整个由传统种植单一种作物,即粮食作物玉米而转变为种油料作物花生。这在一些人看来,只是一种所种农作物的改变,也应该是很容易的事情,作为农民能种什么就种什么。但从生产实践中,真正改变一种认识态度,特别是一种观念,是要经过一番艰苦的思想斗争的。种玉米已有了几十年的种植技术和经验,种什么品种,采用什么栽培技术,上什么肥,什么时候浇水,整个生育期的生产环节技术都已轻车熟路。然而,换种一个新的作物,一切技术、管理方式都得从头做起。为此,高浅龙耐心做工作,细心做指导,诚心帮助人,带动了一些农户跟着他一同种花生,发展花生产业。

(三)地膜花生效益增

高浅龙种花生成功了,并带动了全村乃至全镇的农户都来种花生,由开始的全村几十户种花生,发展到21世纪初的300多农户种花生,全镇更是有1 000多农户种花生。在种花生没采用地膜覆盖以前,都是露地栽培,全村平均每公顷产量在2 700千克左右。当时种1公顷花生主要投入是:种子500元,化肥1 200元,柴油1 000元,农药100元,雇工200元,合计投入3 000元。在20世纪90年代,按正常年份,每千克花生的售价是4元,种1公顷花生收入在8 000元左右。连年种植花生,也曾引进和更换过花生品种,但花生的每公顷产量却未见明显增加,年复一年种下去,产量不增加,收入增加就不明显。高浅龙是个既能干,又肯钻研,接受新知识比较快的农村种庄稼的行家里手。他经常从报纸上、书本上学习花生栽培技术,还积极参加各种农业技术培训班,充实自己的农业知识。通过学习逐渐地认识和接受了很多新的种植方式和新技术。通过学习,高浅龙明白了要想使花生增产、产量迈上新台阶,必须应用花生地膜覆盖技术。于是在2005年,高浅龙决定搞花生地膜覆盖试验。开始时,他搞了1公顷地膜覆盖花生,结果第一年,每公顷地膜覆盖的花生就比没覆盖地膜的多产了710千克花生果,增产了26％。从此以后,他的地膜花生面积每年都在增加,在大面积的花生地上,平均每公顷增产675千克。

地膜覆盖种植需要投入地膜,每公顷需增加大约1100元,种子、化肥、农药、雇工投入不变,柴油可节省360元。结果,纯收入每公顷可达10135元,每公顷可比露地花生多收入2635元,如果市场价格好,效益就更加可观。2007年,高浅龙家种了10公顷花生,全部采用地膜覆盖技术,产量明显大幅度增加。这一年的花生市场价格特别高,每千克花生销售价涨到了5.8元,他家仅种花生一项收入就达到了20多万元。

(四)带动村镇效益高

2005年,在白城洮北区林海镇四合村采用覆膜种植花生新技术的就是高浅龙一人,看到高浅龙搞地膜花生确实产量高、效益好,一些左邻右舍同村农户认为采用地膜覆盖种植确实很有发展前途,也想仿效搞地膜花生,高浅龙就主动去指导,向他们传授覆膜技术。通过他的引导、带头、带动,四合村覆膜种花生的达到了20多户,都不同程度地富了起来。

高浅龙在加大扶持种植户,争取更多的乡亲搞覆膜种花生,研究推广新技术的同时,积极开拓市场,大力宣传花生产品,为种植户解决销售问题。他经常通过各种宣传渠道,大力宣传花生产品,使外地客商纷纷到白城市洮北区林海镇来购买花生,不但使花生产品找到了销路,也开辟了新的市场,为以后发展花生产业打下了坚实的基础。

目前,四合村种植花生的农户,已有50％多的面积都采用了花生地膜覆盖栽培技术。四合村的花生种植面积扩大了,带动了附近村民,带动了全乡。2007年全镇花生种植面积达到了1 400多公顷,总产385万千克,总收入达到了2 156万元。

近年来,白城市洮北区林海镇富了,农民收入有了飞快的增长,村容、村貌有了明显的改善。方圆百里,白城市洮北区林海镇是出了名的富裕乡镇。白城市洮北区林海镇的富裕是由镇党委领导全镇农民深化改革发展的结果,在整个发展过程中,种植业改革功不可没。他们乡镇大力发展"黄金"种花生,"白银"种水稻,带动了农民致富。2004年镇里成立了花生协会,高浅龙是协会组织者。协会的产生和发展,意味着个体农民向合作制农民组织的转化。协会作为科普服务的组织,带动农村和农民普及科学知识,弘扬科学精神,传播科学思想和科学方法,促进了农村的产业结构调整。他坚持花生生产实际、实用、实效的原则,经常深入村屯、农户,田间地头开展科技普及和技术指导,耐心解答农民提出的各种疑难问题,面对面进行指导,解决他们在生产中遇到的难题。

他在花生种植上不断学习与钻研,不但带头采用推广地膜覆盖花生栽培新技术,而且更注重推广了选用良种,测土配方施肥,病虫害防治等综合技术,不仅降低了成本,还增加了效益。

白城市洮北区林海镇四合村的花生生产由于品种优良,技术先进,使该村成为花生一品村,成为林海镇一品乡,也带动了全区,带动了全市花生的发展,起到了科技致富的示范作用,推动了花生生产的发展。2009年,四合村种花生的农户达到了367户,花生种植面积达535公顷,总产量达147.1吨,销售收入达853万元。仅此一项,每个农民就增收5 077元。林海镇全镇种植花生的农户达1 429户,种植面积达1 500多公顷,总产达412.5吨,总收入达2 392.5万元。

四合村,林海镇正在蓬勃发展,蒸蒸日上,如今,社会主义新农村建设又唤来了强劲东风,作为省级新农村建设的重点乡镇,他们深深明白,努力发展好花生生产,推动我国油料事业的发展,将会对加快林海镇的新农村建设起到至关重要的作用。

二、花生不同生长期对
环境条件的要求

花生生长喜温带大陆性季风气候,春季干燥,夏季温热少雨,秋季气温凉爽。年平均日照时数在2 500~3 000 小时,年平均气温在 4.5℃~6℃,无霜期在 140~170 天,≥10℃活动积温在 2 500℃~3 200℃,年平均降水量在 400~600 毫米,则可满足花生生长的需要。一般早熟品种的生育期为 100~130 天,中熟品种为 135~150 天,晚熟品种在 150 天以上。在花生生长的各生育期都需要一定的环境条件来保证其正常生长。

(一)花生种子发芽出苗期
对环境条件的要求

从花生播种到有 50% 的幼苗出土,主茎 2 片真叶展现,为发芽出苗期。在正常条件下,春播早熟种需10~15 天,中晚熟种需 12~18 天。

1. 对温度的要求

花生种子发芽的最适气温是 25℃~37℃,低于

10℃或高于 46℃有些花生品种的种子就不能发芽。花生的播种深度要求在 5 厘米以内,播种层平均地温的最低温度是:早熟品种需地温稳定通过 12℃以上;中晚熟品种需地温稳定达 15℃以上。

2. 对水分的要求

花生在播种时所需最合适的墒情是土壤含水量占田间最大持水量(沙土为 16%～20%,壤土为 25%～30%)的 50%～60%。高于 70%或低于 40%,花生都不能正常发芽出苗。

3. 对空气的要求

花生种子发芽出苗期间,呼吸代谢旺盛,需氧量较多,而且需氧量随着种子发芽到出苗的进程在逐渐增多。据测定,每粒种子萌发的第一天需氧量为 5.2 微升,至第八天需氧量增至 615 微升,增加了 100 多倍。因此,此时土壤中水分过多土壤板结或播种过深,会引起种苗窒息,并且都会造成烂种或窝苗而影响苗全、苗壮。

(二)花生幼苗期对环境条件的要求

从有 50%的幼苗出土,到展现 2 片真叶至 10%的苗株开始现花,主茎有 7～8 片真叶的这段时间为幼苗期。在正常条件下,早熟品种需 20～25 天,中晚熟品种需要 25～30 天。在这段生长期对环境条件的要求如下。

1. 对温度的要求

花生在幼苗期最适于茎枝的分生发展和叶片增长的气温为 20℃～22℃。日平均气温超过 25℃,将使茎枝徒长,茎节拉长,苗期缩短,不利于蹲苗。日平均气温低于 19℃,茎枝分生缓慢,花芽分化慢,始花期推迟,容易形成"小老苗"。

2. 对水分的要求

花生幼苗期在整个生长期中需水量最少,约占全生长期总量的 3.4%。这时最适宜的土壤含水量为田间最大持水量的 45%～55%,低于 35%,叶不展现,花芽分化受抑制,始花期推迟;高于 65% 易引起茎枝徒长,茎节拉长,根系发育慢,扎得浅,不利于器官的形成。

3. 对光照的要求

对于花生生长,每日最适宜的日照时数为 8～10小时。日照时数多于 10 小时会造成茎枝徒长,花期推迟;而少于 6 小时,会造成茎枝生长迟缓,花期提前。花生生长要求的光照强度变幅较大,最适光照强度为 5.1 万勒,小于 1.02 万勒或大于 8.2 万勒都会影响叶片光合效率。

（三）花生开花下针期对
环境条件的要求

自 10％的苗株开始开花到有 10％的苗株开始出现定形果,即主茎展现 12～14 片真叶的这一阶段时间为开花下针期。早熟品种需 20～25 天,中晚熟品种需 25～30 天。在这一时期对环境条件的要求主要体现在以下几个方面。

1. 对温度的要求

花生在这一时期的最适日平均气温为 22℃～28℃,气温低于 20℃或高于 30℃,开花量明显降低,低于 18℃或高于 35℃,花粉粒不能发芽,花粉管不能伸长,胚珠不能受精或受精不完全,叶片的光合效率显著降低。

2. 对水分的要求

花生在这一时期需水量在逐渐增多,耗水量占全生育期耗水量的 21.8％左右。最适宜的土壤含水量为(0～30 厘米土层)60％～70％,根系和茎枝得以正常生长,开花增多。如遇干旱,土壤含水量低于田间最大持水量的 40％,叶片停止增长,果针伸展缓慢,茎枝基部节位的果针也会因土壤硬结而不能入土,入土的果针也会停止膨大。如果土壤含水量高于田间最大持水量的 80％,茎枝徒长,由于土壤孔隙度的大量减少使空气窒息,会造成烂针烂果,同时会使根瘤的增生和固氮活动锐减。当空气相对湿度达 100％时,果针伸长量日平均为 0.62～0.93 厘米;空气相对湿度降至 60％时,果针伸长量日平均仅为 0.2 厘米;空气相对湿度低于 50％,会造成花粉粒干枯,受精率明显降低。

3. 光　照

花生下针期最适宜的日照时数为 6～8 小时,每日日照少于 5 小时或多于 9 小时,开花量都会降低。光照强度对花的开放更为敏感,早晨或阴雨天光照强度少于 815 勒/米^2,开花时间推迟。光照强度在 2.1 万～6.2 万勒的幅度内,叶片的光合效率随光照强度增加而提高,大于 6.2 万勒/米^2,光合效率有所降低。

(四)花生结荚期对环境条件的要求

自 10％的苗株开始到出现定形果达 10％的苗株到开始出现饱果,主茎展现 16～20 片真叶为结荚期。早熟种需 40～45 天,中晚熟种 45～55 天。

此期为花生生长和生殖生长的最旺盛期,生殖生长和营养生长并行。这一时期对环境条件的要求主要有以下几点。

1. 温　度

此期所形成的荚果约占单株总果数的 80% 以上,果重增重占总量的 40%～50%。为此,所需温度相对较高,最适宜的气温为 25℃～33℃,结实土层的最适宜温度为 26℃～34℃,低于 20℃ 或高于 40℃ 对荚果的形成都有一定影响。

2. 水　分

花生结荚期气温高,叶面蒸腾量大约占全生育期总量的 50.5%。这一时期要求的适宜土壤含水量为田间最大持水量的 65%～75%。结实层土壤含水量若高于最大持水量的 85%,易造成烂果;低于最大持水量的 30%,荚壳内皮层与粒仁相连的胎座脱落荚果不能充实饱满。

(五)花生饱果成熟期对环境条件的要求

这一时期是从有 10% 的苗株开始出现饱满荚果到单株饱果早熟种达 80% 以上,中晚熟种达 50% 以上,主茎鲜叶片保持 4～5 片的一段时间。早熟品种为 20～30 天,中晚熟品种为 35～40 天。这一时期对环境条件的要求有以下几点。

1. 对温度的要求

此期如日平均气温低于 20℃,地上部茎枝易枯衰,叶片易脱落,光合产物向荚果转移的功能缩短;结实层平均地温低于 18℃,荚果就停止发育。如果温度高于上述界限,营养体功能期延长,荚果产量显著提高。

2. 对水分的要求

此期根系的吸收能力减退,蒸腾量和耗水量明显减少,其耗水量约占全生育期总量的 18.7%。此外,荚果充实饱满需要良好的通气条件。因此,这一时期最适宜的土壤含水量为田间最大持水量的 40%～50%。如果高于田间最大持水量的 60%,荚果籽仁充实减慢;低于田间最大持水量的 40%,根系易受损,叶片早脱落,茎枝易枯萎,影响荚果的正常成熟。

3. 对光照的要求

这一时期由于茎枝生长停滞,绿叶多变成黄绿色,花生中下部的叶片大量脱落,落叶率占总叶片的 60%～70%,仅有 30%～40% 的绿叶片来行使光合作用,维持植物体生命;只有加快营养器官的光合产物向荚果转移的速率,荚果重量才能大幅增加。

三、花生地膜覆盖高产栽培技术

近年来,在我国的一些花生产区,出现了一个令人困惑的现象,即花生品种优良,肥水条件较好,但花生种植的年产量却没有明显提高。特别是在一些老花生种植区,由于农民的耕地面积较少,种花生的耕地轮换有困难,为此造成了土地种花生连作现象比较普遍,虽然更换了优良高产品种,可产量却一直不见提高,这就一直困扰着花生种植农户。在我国的北方,一些农业科研院、所,广大花生种植农户,为提高花生单产,促进花生群体增产,积极进行了探索和试验,经多年的刻苦钻研,反复的试验,用辛勤的汗水终于探索出了一种行之有效的花生高产栽培模式,即花生地膜覆盖高产栽培技术。花生地膜覆盖栽培实践证明它是一种高产、高效的种植模式,比露地花生有很大的优越性,不仅可促进花生提早成熟,还可以促进花生增产,农民增收。不仅如此,花生地膜覆盖还可以起到增墒保水、抗旱避灾的作用。

(一)花生地膜覆盖栽培增产效果

近年来,各地进行了大量花生地膜覆盖栽培技术试验、示范和大面积推广,取得了明显增产效果。花生地膜覆盖是花生栽培上的一场革命,花生栽培技术上的一项重大的技术改革,是传统农业技术与现代农业技术的结合,是提高单产的一项有效措施。凡是采用地膜覆盖种植的花生单产,平均增产幅度为16%~26%,高的可达35%~45%。同时,出现了地膜覆盖每667米^{2}产量超过500千克的田块。如山东省海洋县龙城乡忠厚村农科队种地膜覆盖花生700米^2,产量竟达到了732.8千克。河北省唐山地区花生地膜覆盖栽培,在严重春旱和伏旱的情况下,平均每667米^{2}花生产量仍达到了275.54千克,比不覆盖地膜采用露地种植花生的地块增产110千克。且出仁率也平均提高了4%~5%。这项地膜覆盖种植花生新技术的应用,对于北方地区种植花生解决春季低温、干旱和无霜期短,在南方种植花生解决春季低温多雨等不利自然气候条件,大幅度提高花生单产具有特殊意义。对于开创我国花生生产新局面,展示了广阔前景。

(二)花生地膜覆盖增产的原因

现在,地膜覆盖种植花生,越来越被农民认识,现

图 3-1　大面积地膜花生田

在越来越多的花生种植农户都采用这种先进的种植技术。因为地膜覆盖栽培，为花生生长创造了比较优越的温、光、气、热条件；此外，可以充分发挥出花生增产的潜力，人为地创造了花生种植的优越的自然条件，有力地促进了花生增产。花生地膜覆盖增产的主要原因有以下几点。

1. 提高了耕层土壤温度

在我国的北方花生产区，特别是东北地区，春播时一般气温比较低，有的年份还出现倒春寒，对农作物生长极为不利，导致花生减产。因此，采用地膜覆盖种植花生幼苗期增温效果最明显。地膜栽培有增湿、保温和调节地温的作用，地膜具有良好的透光性，可通过太阳光照射来提高耕层土壤温度。地膜的不透气性又可保持经地膜吸收的太阳能带来的地温不被散失。采用地膜覆盖的地块，一般 5～10 厘米土层，日平均地温沙土或沙壤土可提高 3℃～4℃，壤土或黏土可提高 1.5℃～3℃，晴天增温效果尤为明显。地膜覆盖的花生，由于温度可满足花生的发芽；幼苗和各生育期的生长需要，促进了花生的生长发育，缩短了生育进程，促进了早熟和稳产、高产。

2. 提高了保墒、抗旱、防涝能力

种植花生用地膜覆盖后，使耕层土壤水分能保持相对稳定状态。据河北省迁安县农业局调查，0～10厘米土层含水量比不覆膜的提高了 27.3%；10～20厘米土层含水量比不覆膜的提高了 6.6%。地膜的相对不透气性能，又可使耕层土壤保持土壤的湿润。当长期干旱时，覆膜的花生可使土壤深层的水分通过毛细管逐渐向地表移动，不断补充土壤耕层水分，起到保墒的作用。对保证苗早、苗全、苗齐、苗壮起了重要作用。据测定，在春季足墒覆膜播种后 60 多天不下雨，土壤含水量仍能保持田间最大持水量的 40%～60%，比不覆膜的露地栽培花生的土壤含水量高 3%～15%，在大旱之年仍能促使花生正常生长发育。在雨量大而集中的季节，由于薄膜阻隔，在一定程度上，又起到了防涝的作用，也避免了因雨水冲刷而造成的养分和土壤板结。

3. 增加了土壤养分

据有关科研单位根据试验测定,由于地膜覆盖栽培的花生,不仅土壤地温高,水分稳定,土壤疏松,还有力地促进了土壤微生物的生命活动。据测定,覆膜的土壤中无论是真菌、放线菌以及细菌生理群数量都多于不覆膜的露地花生的菌落数量。测试数据表明,地膜覆盖的花生,比不覆膜的露地花生微生物总量增多 33.6%~37.6%,其中真菌多 65.2%~93.7%,放线菌多 61.4%~87.5%,氧化菌多 8.5%~11.6%,磷细菌多 30%~33.2%,钾细菌多 59.7%~60.2%,固氮菌多 42.3%~58.5%。由于各种营养菌群的增多,其酶的含量也增多,如蛋白酶增加了 0.3%,过氧化氮酶增多 11.36%。这不仅使土壤中养分增加,还极大地促进了土壤孔隙度的增加,通透性增强,容重下降,使土壤膨松疏松,为花生的正常生长发育奠定了良好的土壤基础。

4. 促进了花生提早成熟

据有关单位测定,覆膜花生生育前期 0~5 厘米土层平均地温比露地种植的花生平均地温提高了 2.5℃~3.9℃,生育后期平均地温提高了 0.6℃~1.1℃,全生育期平均地温高 1.1℃~2.7℃。据观察,地温每增加 1℃相当于增加 2℃气温的效果。地膜覆盖的花生,由于充分满足了花生生理生长特别是花生前期由于春季自然气温低，而人工创造的小气候满足了花生生理生长和生育生长对温度的要求，缩短了生育进程，促进了早熟和高产稳产。据观察和田间调查，采用地膜覆盖种植的花生，出苗期可比露地种植不覆膜的花生提早 5～8 天，花芽分化可提早 6～8 天，开花期可提早 8～11 天，成熟期可提早 10～20 天。

5. 促进了单株结果多

花生覆膜种植，由于塑料薄膜能起到吸光和反光的作用，为此能增加花生株、行间的光照强度。据有关单位测定，花生生长中期离地面 30 厘米处覆膜的光反射率为 5.3%～13%，不覆膜的为 2.4%～4%，覆膜植株可比不覆膜的花生多得 2.9%～9% 的光量。薄膜表面光滑，减少了空气流动（风）的阻力，覆膜的风速比露地种植增加 0.01～0.03 米/秒，有利于空气中二氧化碳补给交换，提高了花生群体的光合产量。

根据对比试验数据统计，覆膜花生单株结果数平均比露地种植不覆膜的多 1.7 个，饱果率提高 17.5%。花生果出仁率提高了 2%～4%，每 667 米² 增产花生 75～100 千克，使单位面积产量获得普遍提高。

另外，据测定经过覆膜栽培的花生，其蛋白酶、脂肪酶和淀粉酶的活性增强，粗蛋白质和粗脂肪均有增加,品质也有提高。

(三)花生地膜覆盖栽培的益处

1. 缓和季节紧张矛盾

因地膜覆盖种植的花生提高了增温、保湿能力,可比露地栽培提早播种 15～25 天,提前 15～20 天收获。据测定,覆膜花生生育前期,0～5 厘米土层平均地温比露地栽培的高 2.5℃～3.9℃,全生育期平均高 1.1℃～2.7℃,≥10℃ 活动积温总量增加 195.3℃～370.8℃,促进了花生早熟高产。还可减轻或避免梅雨季节后干旱对花生的影响,避免收获期遇强风雨造成花生在地中发芽的损失。

2. 改善土壤水分状况

吉林省花生种植 70%～80% 分布于中低产田,土壤瘠薄、黏重,地膜覆盖可长时间保持土壤疏松湿润状态。当久旱不雨时,覆膜可通过毛细管水不断补充耕层,起着提墒作用;遇降大雨或暴雨,可减少养分流失和防涝。对于花生春播期雨水偏多的地区,可避免雨点冲击造成土壤板结。

3. 改善土壤理化和生物性状

据测定,覆膜的 0～50 厘米土壤容重比不覆膜的减少 0.11～0.2 克/厘米^3,总孔隙、通气孔隙分别增加 3%～5.2% 和 0.4%～3.5%,有利于花生根系生长和果针入土结荚。覆膜花生在生育期间处于免耕状态,因而保持了原来土层的疏松度。降大雨时,塑料薄膜缓和了雨点的冲击力,保持土壤结构不至于板结。在花生生育期测得,覆膜的花生 0～50 厘米深度土壤容重平均为 1.3～1.44 克/厘米^3,比不覆膜的小 0.11～0.2 克/厘米^3。

4. 改善近地小气候

采用覆膜种植的花生能增加花生株、行间光照强度。据测定,生长中期离地面 30 厘米处覆膜的光反射率为 5.3% 克/厘米^3,不覆膜的为 2.4% 克/厘米^3,覆膜的花生多得光亮 2.9% 克/厘米^3。

5. 防除杂草,抑制病虫鼠害

覆膜前播种后在畦面及畦沟两侧喷施除草剂加上覆膜,花生整个生育期处于免耕状态,可有效防除杂草。花生地下害虫和鼠害为害比较严重,地膜覆盖把整个畦面包起来,可减少鼠虫草害。

(四)花生地膜覆盖的技术措施

1. 选好地块

我国从南方到北方,从东北到西北,耕地地势多不相同,土壤千变万化,尽管我国大部分耕地都适宜种植花生,但选什么样的耕地种植花生,直接关系花生能否获得好的收成,这是每个计划种植花生的农户首先要考虑的问题。因为能否选好地块,直接关系花生能否正常生长发育。从多年种植花生的实践看,种植花生不需要十分肥沃的土地,但土壤选择是否得当是覆膜花生栽培能否成功的重要前提。花生采用覆膜栽培的就应选择中等以上肥力的土地,用这样的地块种植地膜花生,因为土地基础好,才能增产潜力大,经济效益高。此外,在土壤土质选择方面,也要明确土壤增产效果依次是壤土好于沙壤土,沙壤土好于沙土,沙土好于黏土。切记不要选择土壤黏性过大,pH值偏高的土壤种植花生。因土壤黏性过大,孔隙变小不利于生根发芽,花生根扎不下去,直接影响花生果的生长发育,严重影响花生生长产量。pH值偏高的土壤,由于碱性过大抑制了花生生长,同时碱性土壤易板结更不利于花生根系生长发育。

2. 精细整地

"人勤地不懒,地勤夺高产"。要使地勤,就要人为地下工夫精细整地。花生播种前能否做到精细整地和施足基肥,直接关系覆膜的质量和增温、保温、保墒与播种保苗的效果。因此,必须精细整地,精耕细作,达到土壤细碎无坷垃、石块和根茎,地面平坦。"种地不上粪,等于瞎胡混"、"庄稼一枝花,全靠粪当家",地膜覆盖种植的花生长势强、生育快,本身需要养分多。为此,要根据不同的土壤肥力、肥料种类和产量水平进行合理施肥,才能满足花生生长发育的需要。综合各地经验,每 667 米² 产 300 千克花生,需增施有机肥料 4 000 千克以上,还要增施 25~50 千克过磷酸钙和钾肥(一般用草木灰 100 千克),硫酸铵 10~20 千克,结合整地施入作基肥,以满足花生在各生育期所需的养分,促进花生正常生长。

(1)深松 在瘠薄的土地上进行深松,可提高土壤的通透性,增强抗旱和耐涝能力,可通过这一栽培技术促进花生增产。据测定,一般土壤耕层深松达 25~35 厘米深的花生地,每公顷可提高产量达 30% 左右。

(2)深松的益处 深松的耕地可使花生生长的活土层增加 10~20 厘米,改善了土壤结构,使土壤容重减小,增大孔隙度,对于贮水、渗水、花生的根系发展、抗旱耐涝都有一定的促进作用。同时,通过深松促进了耕层土壤微生物的活化和有机养分和无机盐养分的释放,提高了土壤速效养分的含量,从而扩大了花生根系对营养的吸收,促进了花生的根系生长和增加。

(3)把握深松的技术措施 一要把握好农时,一定要在秋末入冻前进行深松。如秋季农活紧,来不及赶在入冬前进行深松,也可赶在冬初进行深松。这样,既可以使冻土块尽快熟化,垡块风化和土壤沉实,也可消灭过冬病虫灾害,还有利于土壤保墒。二要掌握好深松的深度。地膜花生的根系几乎全部分布在30厘米的土层内,其比例占总根量达90%以上。因此,深松的深度应以25～30厘米为宜。土层深厚的要深些,土层浅的要浅些。三要注意别打乱熟土层。深耕过深将土层打乱,将底层生土即养分差、没活化的土层翻上来过多,就达不到深松的效果。这样,不仅不能起到深松增产的作用,反而还会造成减产。因此,深翻的耕地要注意保持熟化的营养土在土壤的最上面,翻起来的生土在下边,不能打乱土层。

(4)整地的技术措施 整地的技术措施首先要求整地要平。只有把地整平了,才能便于土地浇水、播种和整个田间工程的运作。覆膜花生打垄大部分是垄宽90厘米,即大垄双行播种,这就要求我们必须把地整平。一是上要平,只有上平了,才便于覆膜。二是底要平,只有底平,才能便于压膜,使膜边能压实、压严。三是做到在整地的同时施肥,整地过后浇水。按照北方种地习惯为增加土壤养分,都是在整地时增施有机肥料。整地过后,为了保持土壤含水量、防旱保墒确保花生种子发芽有充足的水分,都要进行浇水。浇水的时间最好在封冻前,如封冻前浇不上水,也可以赶在早春解冻后进行。如春浇必须早浇即解冻就浇,如浇水晚了,会造成土壤湿度大、地温回升慢,影响适时播种和正常出苗。浇水时,必须严格掌握浇水量,不可过少或过多,以润透土层为宜。

3. 起垄、喷洒除草剂

在我国北方,特别是东北的北部地区,无霜期在135天左右的地区,种植花生一定要在早春,在清明过后注意看好土壤耕层的化冻情况,当土化冻达到起垄的深度,就开始起垄。覆膜花生的种植方法,多用大垄双行种植。一般垄距90厘米,垄宽66厘米,垄高10～15厘米。起垄时,一定要做到垄面平整,土壤细碎,中间略有隆起,垄直边齐。花生播种前要求土壤一定要有好的墒情,以确保花生播种后种子萌发、发芽、生根对水分的需求。覆膜时土壤含水量要在15%以上。墒情不好的要人工造墒才能保证苗全、苗齐、苗壮。为消灭杂草及病毒危害,在盖膜前要喷洒除草剂,具体用药和施用方法如下。

第一,用43%～48%的甲草胺(拉索)乳剂,对水均匀喷洒在畦面上,以此来消灭杂草。

(1)作用和效果 甲草胺是花生播种后发芽前,花生地膜覆盖应用得最多的除草药物之一。因为它对于人、畜毒性都很小,不易对人、畜造成危害。其药效主要是通过杂草芽吸入植物体而杀死苗株。对水稗、狗尾草等单子叶杂草防效较高;对野苋菜、藜等双子叶杂草也有一定的杀伤作用。据有关单位测试,在播种花生时,立即喷施美国产的甲草胺乳剂,并于播种后 20 天调查,对单子叶杂草杀伤效果为 92.1%,对双子叶杂草的杀伤效果为 33.3%。其药效的持续期可达 2 个月左右。施 1 次药可控制花生全生育期无杂草,同时并不影响下茬作物的生长。覆膜花生喷施甲草胺,在以单子叶杂草为主的花生田,一般苗期杀草率都可达 88.9%,花生中期杀草率可达 89.6%。是当前我国杀草剂中效果较佳的一种除草剂。

(2)施用方法和注意事项

①施用方法 甲草胺为芽前除草剂,因此施用该药必须在花生播种后出苗前这一时期,按说明书上标明的施药量加水稀释为乳液后再均匀地喷洒地面,当土壤喷施后仍能保持一定湿度时,更能发挥其杀草效能。因此,覆膜的花生喷施有更好的效能。到底喷多少药好,最适宜的喷药量是多少,按说明和实践认为:每 667 米² 花生地用药量为喷施用 43%～48%甲草胺 150 毫升,对水 50～75 升后反复搅拌,力求达到均匀,待充分乳化后喷施。要在播种覆土后立即喷药,药液要喷匀,喷严,要把全部药液喷完然后覆膜,膜与地面要贴紧、压实,以保持土壤的温、湿度。

②注意事项 一是该乳剂对眼睛和皮肤有一定的刺激作用,如溅入眼内和皮肤上要立即用清水洗干净;二是该除草剂能溶解聚氯乙烯、丙烯等塑料制品,因此作为乳剂对水的容器需要用金属或玻璃器皿盛装而不能用塑料桶;三是遇低温结晶,但不影响药

效。甲草胺乳剂存放过程中,如气温低于 0℃,易出现结晶,但已出现结晶的甲草胺乳油如放在 15℃～20℃的环境当中,仍可自然溶化,对药效没有任何影响。

第二,用 50％乙草胺乳油对水喷洒,也可起到良好的灭草作用。

(1) 作用与效果 乙草胺乳油属酰胺类旱田选择性芽前除草剂,对人、畜低毒。它的药效主要是抑制和破坏杂草种子细胞的蛋白酶。单子叶禾本科杂草主要是由芽梢吸入株体;双子叶杂草主要是从幼芽、幼根吸入株体。药被杂草吸收后,可抑制芽梢、幼芽和幼根的生长,致使杂草死亡。经试验,覆膜花生大面积应用,不仅用药少,成本低,而且效果好。对 1 年生单子叶杂草防效为 99％以上,对 1 年生双子叶杂草防效达 90％以上。

(2) 施用方法和注意事项

①施用方法 必须在花生播种后覆膜前将药剂施于地面。每 667 米² 施药量为 50～100 毫升乳油对水 50～75 升,然后搅匀,搅拌到使药液乳化为止,于花生播种后,糖平地面,将药液全部均匀地喷于畦面上,然后立即覆盖地膜。

②注意事项 乙草胺对人、畜和鱼类有一定的毒性,施用时应远离饮用水,池塘及粮食饲料等,以防沾染中毒。该药对于黄瓜、菠菜、韭菜作物敏感,易中

毒,为此切忌施用。该药对眼睛、皮肤有刺激性,喷药对药时要注意防护。该乳油有易燃性,存放时应注意避开明火和高温。

第三,异丙甲草胺又名都尔。为进口的72%异丙甲草胺乳油。

(1)作用与效果 异丙甲草胺喷施后主要通过杂草的芽梢或幼根进入株体,杂草出土不久就被杀死,一般杀草率为80%～90%。对马唐、稗草、野黍等1年生单子叶杂草防效较好,可达到90.7%～99%。对荠菜、野苋、马齿苋等双子叶杂草、防治效果也能达到66.5%～81.4%。异丙甲草胺的药效持续时间长,在花生播后施用的持效期可达3个月。据试验,覆膜施药后30天,防草效果达72.6%,其中对单子叶杂草防效达97.9%,对双子叶杂草防效为66.5%;施药60天,对杂草防效达94.8%,其中对单子叶杂草防效达99%,对双子叶杂草防效达92.3%。

(2)施用方法和注意事项

①**施用方法** 异丙甲草胺除草剂是在花生播种后,覆膜前地面喷施。每667米² 用异丙甲草胺100～150毫升对水50～75升,搅匀后均匀地喷洒在花生地表面,要将所对药液全部喷完。

②**注意事项** 一是注意防燃。异丙甲草胺除草剂易燃,因此存放时,周围环境温度不宜过高。二是掌握药量。要严格按说明书要求的药剂量用药,切不

可随意增加药量,以免花生产品出现残毒问题。三是注意安全。因该药毒性较大,又无专用解毒药剂,因此施用时要注意安全,不要让药液溅到身上,以免中毒。

第四,噁草酮(又名农思它)。为进口的 25% 噁草酮乳油。

(1)作用和效果 噁草酮乳油是芽前和芽后施用的选择性除草剂。芽前施,主要是通过杂草地上部芽和叶吸收进入株体,使之在阳光照射下死亡。对马唐、狗尾草、稗草、野苋菜等单、双子叶杂草有较好的防效。总杀草率达 94.5%～99.5%。它在土壤中的持效期为 80 天以上。据试验,花生芽前喷施后,在苗期杀草率达 98.1%,开花下针期杀草率达 99.4%。

(2)施用方法和注意事项

①施用方法 每 667 米² 施药量,以 25% 噁草酮乳油 100～150 毫升或 12% 的噁草酮乳油 150～175 毫升,对水 50～75 升,搅拌均匀后,在花生播种后、覆膜前,均匀地喷施于地面。

②注意事项 一是注意安全。尽管噁草酮对人、畜毒性虽小,但切忌吞服。如溅到皮肤上应立即用大量的肥皂水冲洗干净,溅到眼睛里应立即用大量的清水冲洗。二是防燃。因噁草酮乳油易燃,为此切勿放在热源附近。三是使用过的喷雾器械要充分冲洗干净后方能用来喷施农药。

4. 做畦与密度

做畦原则应按覆膜的宽度做畦,若膜宽 80 厘米,则畦宽亦应为 80 厘米,其中畦沟为 30～33 厘米,畦面宽 47～50 厘米。起畦时要将畦面土整细耙平,要做到使畦面无大土块和石头,以便有利于薄膜展铺和紧贴畦面。采取密度双行种植的,行距应为 25～30 厘米,穴距应为 14～17 厘米,每 667 米² 种植 1 万～1.25 万穴。其具体要求如下。

第一,花生地做畦覆膜前,土壤的墒情要好。土壤的墒情一定要满足花生发芽、生根、生长对于水分的需要,只有在这个前提下,才能做畦、播种、覆膜。

第二,畦的高度要适当。起畦过低,垄沟深度不够,不利于以后浇水和排涝。起畦低还容易使多余的地膜边沿盖住畦沟,影响水分渗透。起畦过高,易造成畦面宽度不够,而且容易人为造成覆膜时因膜的宽度不够而使畦下边盖不严、压不紧,膜容易被风刮掉。为此,畦的高度应以 10～12 厘米为宜。

第三,适当确定畦底宽度。畦底宽度要根据目前市场上销售的地膜宽度,以及土壤肥力和花生品种来确定。现在市场上销售的地膜宽度,多数是 900 毫米宽。根据地膜的这个宽度,畦的底宽以 80～90 厘米为宜。高肥力、种高产品种的地块畦底适当宽些,低肥力、种普通品种的地块畦底适当窄些。

第四,畦的顶面要做平。畦的顶面能否做平,直接关系播种质量,特别是覆膜质量的优劣,乃至会影响花生的生长。为此,做畦时切记一定要确保畦顶面无大草根,无茬子,无堡块,无石头,同时要将畦顶面糖平压实。只有这样,才能使播种深浅一致,出苗后株高一致,才能使覆膜与地面贴得实,压得紧,不至于扎破膜,影响覆膜效果。

第五,合理密植。合理密植是花生获得稳产高产的先决条件。丰收之年不收无苗之田,为此合理密植至关重要。在土壤肥沃、肥水条件充足的地块适当增加株数,一定会提高单位面积产量。经有关单位多点试验,地膜花生适宜的密度是:中等以上肥力种植中熟品种应以每 667 米^2 种 7 400~9 200 株为宜。具体种植采用的播种方法是畦底宽 85~90 厘米,畦沟宽30 厘米,畦面宽 55~60 厘米,畦面种双行花生,行距35~50 厘米,株距 16.5~20 厘米。中等以下肥力种植早熟品种,每 667 米^2 种 10 000~12 500 株为宜。即畦宽 80 厘米,畦沟宽 30 厘米,畦面宽 50 厘米,畦面种植双行花生,其行距以 30~50 厘米为宜,株距以13~16.5 厘米为宜。

5. 地膜的选择

花生地膜覆盖采用的大都是聚乙烯薄膜,厚度一般在 0.015 毫米以下为宜。超过 0.02 毫米,果针就难以穿透薄膜入土结实。近年来,各地选用厚度在0.008 毫米以下的超薄膜,效果更好,投资少,效益高。薄膜的颜色,当前主要有黑色、银色、透明的 3 种膜,以透明膜效果为好,增产幅度较大,为此要认真仔细地选择地膜。目前,市场上销售的地膜种类很多,这就要求我们每个种植花生的农户在选择地膜应注意掌握以下几个标准。

(1)宽度 地膜的宽度应以 85～90 厘米为宜。

(2)厚度 薄膜的厚度应选择 0.008 毫米,其薄厚不超过 0.002 毫米的薄膜为宜,每 667 米^2 用量在 4 千克左右。购膜时一定要特别注意膜的厚度,既不可太厚,也不可太薄。薄膜厚度大于或等于 0.018 毫米,不仅薄膜用量大,成本高而且会影响花生有效果针入土结实,降低增产效果。薄膜厚度小于 0.004 毫米,增温保温效果明显减小,并会因此失去控制无效果针入土的能力。

(3)透光率 种植花生的地膜的透光率要求大于或等于 70％,如小于 50％会影响太阳辐射的透过和传导,不利于光的吸收和光合产物的形成。现在也有用黑色地膜的,这种黑色地膜虽然透光率较差,但防草效果较好。

(4)物理强度 一定要选拉伸强度高的薄膜,只有拉伸强度高,才能更好地抗老化。要选拉伸强度大于 100 千克/厘米^2,直角撕裂大于或等于 30 千克/厘米^2,断裂伸长率大于或等于 100％,要确保覆膜至封垄后不碎裂。

（5）展铺性好 膜应不粘卷，不卷边，无褶皱，展铺性好。

要想达到展铺性好，当前选择高压聚乙烯与低压聚乙烯共泥膜为宜。这种膜成本低，强度高，不粘卷，不卷边，便于铺展，很受种田农户欢迎。

6. 选用优良品种

要获得花生高产，选好种也是重要因素，只有好种，才能出好苗。为了发挥地膜的增产潜力，提高经济效益，应根据生产条件和产量水平以及作物前茬安排好适宜地膜花生种植的优良花生品种。中等以上肥力，以选用增产潜力较大的中熟大粒型品种，如徐州68-1、海花1号等；在丘陵地区则选用早熟中粒型品种，如伏系一号、白沙1016。覆膜花生应选择具有较高增产潜力的品种。春播如花37、鲁花11号等，间套种可选择冀油4号。随着花生产业的发展，育种业成果的涌现，将会有更多的适宜覆膜种植的花生新品种问世，农户在备耕时要广泛了解种子市场，一定要选新的优良花生品种种植。

7. 花生覆膜技术环节

（1）覆膜 其花生覆膜技术是整个地膜覆盖高产栽培技术的重中之重。因此，花生播种覆膜一定要做到覆膜要拉紧、抻平、紧贴地面。膜边和破损的地方用土堵压严密，达到平、紧、严的要求。掌握地膜花生适时播种,能增加前期和后期有效积温,争取更长生育期。覆膜花生的播种期,应比露地栽培提前10~15天。吉林地区以4月中旬为宜。各地最佳播期,要结合实际,经过试验来确定。播种深度应浅于露地栽培,以3厘米为宜。

(2)覆膜的方式 分先整畦播种然后覆膜和先覆膜后打孔播种两种形式。前者的优点是比覆膜后再打孔播种省工,花生出苗期间保湿效果好,出苗快。其不足之处是,出苗后苗达到一定高度时要开孔放苗,如掌握不好打孔放苗的时间和环节易出现膜下湿热空气冲出造成"闪苗",即苗受风的现象发生。后者是在播种前保墒效果好,并可提高地温不易出现"闪苗"现象。但在花生出苗期间保温效果差,虽然早播种,但出苗慢,出苗后也不利于花生苗期生长。

(3)覆膜的方法 具体做法上分为人工覆膜和机械覆膜两种做法。但不管是采用人工覆膜还是采用机械覆膜,都应严格按要求切实把好覆膜的质量关。一定要做到适墒、铺平、拉紧、覆匀、贴实、压严。采用人工覆膜的,要按畦的宽度标准,将畦两边的土上下垂直切齐,喷施除草剂后,覆盖地膜。

①人工覆膜 具体做法是:由一个人骑畦贴地向前滚膜卷,滚时一定要注意在畦面上将膜放在正中间,同时要对正、拉直、拉紧,另外两个人用锹取土压膜边。压膜一定要做到膜面平整,膜与畦面紧贴而无

褶皱,膜要贴面压牢,达到日晒膜面不起泡,大风吹膜刮不掉。地膜覆上后,最怕风刮掉膜。因此,负责压膜的人,还要在已覆完压实的膜上每隔 3～4 米畦面横压一道土埂,待到花生出苗后再把膜上的土埂扫掉。

②机械覆膜 现在各地研制推广的覆膜机型号较多,要广泛了解农机市场,选购适合当地适用的先进的、多功能覆膜播种机。采用机械覆膜,既能提高覆膜效率,又能确保覆膜质量。采用先进的覆膜播种机不仅可提高工效几十倍,还可大大降低播种成本,提高覆膜播种质量。

8. 合理轮作

由于连作不但会造成青枯病、生理霉素病等病虫害扩大蔓延,而且还会造成土壤中养分缺失失调,根分泌物积累,而使花生中毒导致减产。因此,要注意安排花生与其他作物轮作,也是花生增产的主要措施之一。而地膜覆盖的花生,可以减少连作的不良影响。如果因耕地太少,而倒不开茬口也可适当连作几年,但不能连作年限太多,否则,必然减产。如倒茬太难,也可采取与小麦,玉米间作或轮作的办法来实现倒茬。

9. 规范种植

采用小畦双行穴播,每穴播 2 粒种子,播种深度

3～5厘米,种植密度为每 667 米² 1.8 万～2.2 万株。抓紧"冷尾暖头"抢晴播种。一般掌握在花生播前 5 天内 5 厘米地层日平均地温达到 13℃ 即为播种时期。播种深浅要一致,最好用打穴器规格播种,以减少破膜时的劳动量。播种后把除草剂(丁草胺、乙草胺等)均匀喷雾于畦面及两侧。其技术环节如下。

(1)种子准备

①做发芽试验　根据种子的发芽势和发芽率来确定种子的播种量。对当年要播的花生种子做认真、详细检查,如种子冬季在仓库时受冻或出现发霉捂种现象造成发芽势太弱或发芽率太低就不能作种子。为验证种子的发芽情况,必须做种子发芽试验。发芽试验的具体做法是取具有代表性的种子样品,随机抽取 100 粒,先将种子用 30℃～35℃ 温水浸泡 2～4 小时,使种子吸足水分。然后将种子放入垫湿布的盘(碗)中,再在种子上面盖上湿布,放入有一定温度的地方,使发芽的种子保持在 25℃ 左右的恒温下进行发芽。24 小时后检查发芽的百分数为发芽势,72 小时检查发芽的百分数为总发芽率。发芽势在 80% 以上,发芽率达 100% 的为优种,可作高产田用种;发芽势达 60% 以上,出芽率达 90% 以上的为一般种,可作一般大田用种;发芽势 40% 左右,发芽率低于 80% 的为劣种,就不能作种子。

②播前晾晒　通过晾晒这一技术措施来促进种

子后熟作用,使播后的种子发芽快,出苗齐。为了提高种子的生活力,促进种子后熟,播种前可带壳晒种。经过晾晒的种子,能够增强种子内部酶的活性,促进种子的后熟作用。据有关单位测试数据得知,连续带壳晒种 2～3 天,能提高种子发芽势 15％～25％,提高发芽率 10％～15％。已剥壳的果仁作种子的播前放在恒温达 30℃的环境中暖种 24～36 小时,也能明显提高种子发芽率。

③选出高产种子　结合剥壳分级,挑选粒大饱满,颜色新鲜的一级种子,用作地膜覆盖种植的种子。据观察,大粒饱满的种子普遍生命力强,营养丰富,出芽快,出芽早,而且出苗匀,出的苗还壮。据对比试验实测,大粒饱满的种子,可比二级中粒的种子增产达 12.5％。

④做好种子处理　具体处理办法主要是浸种、催芽和药剂拌种。为防止越冬蛴螬和金针虫、地老虎等花生地下害虫,以及金龟子、象鼻虫和蚜虫等幼苗害虫,催芽的种子要用阿维菌素拌种,其药、水、种的比例为 1：20：800。种子有轻度霉变或枯萎病较重的地区,要以种子量 0.2％～0.4％的多菌灵拌种。

(2)适时播种　地膜花生播种时间的确定,应以播种前 5 日内 5 厘米日平均地温稳定通过 13℃时,即为花生覆膜播种的最佳时期。根据我国北方的气候规律,按农时季节看,即在谷雨前后播种。

(3) 提高播种质量　不论是采用先覆膜后播种，还是先播种后覆膜，都要按确定的密度标准开沟或打穴，将经过处理好的种子并粒插播或并粒平放点播。采用先覆膜后打孔的播种方式，可在畦面上按设计密度用自制打孔器打孔。打孔直径 4～4.5 厘米，深 3～3.5 厘米为宜。然后向孔内平放 2 粒种子后，在膜孔上盖 3～4 厘米土封严以防止透风跑墒。但封土在膜面覆盖面积不宜过大，以免妨碍膜的透光性，影响增温效果。采用先播种后覆膜种植方式的，可先在畦面上按密度标准开沟，深 3 厘米，要求深浅一致。然后将事先准备好的种子，按株距标准并粒平放或插播。播种后覆土覆平，适当镇压畦面，顺畦坡切齐，喷上配好的除草剂，按要求覆膜。待花生顶土快要出苗时再开膜孔，并在膜孔上覆盖 3～4 厘米厚的土，既防事先跑墒，又能起到避光引苗出土的作用。

10. 加强田间管理

在地膜覆盖的花生栽培上，除抓好土、肥、水、种、密、保、播、覆膜等农业工程的基础性工作外，在花生从出苗到成熟的生育过程中，还应根据各生育期的植株长势情况，采取相应措施，加强田间管理，以确保花生在生长过程中不缺水，不缺肥，不被害，正常生长发育，获得理想的目标产量。

(1) 查田补苗　播种后出苗前，要认真检查田间地膜是否被风刮坏、确保膜内墒情，以利于出苗。春花生一般播种 15～20 天就能顶土出苗,搞好查田补苗,是争取全苗壮苗,提高花生产量的关键。

①及时破膜放风,引苗出土 在小苗有 60％拱土时,就要采取扎眼放风引苗出土。要 1 次成功,不能等幼苗全出土再引苗。花生出苗达 2 片复叶就要立即引苗。据试验,当花生芽苗顶土时就破膜引苗,产量最高。而当主茎叶片达到 2～4 片时引苗,就相对减产,减产达 2％～6％。而由于人为的在破膜引苗时造成"闪苗"其减产程度将达 15％以上。为此,在田间见到花生出苗时起,就要高度重视小苗出土情况,切不可人为地贻误农时,造成不必要的损失。

②及时清压膜土和抠出膜压枝 由于栽培原因在花生播种覆膜时,怕地膜被风刮起而往膜上隔几米压土,当花生苗出苗后达 2 片针叶时,应及时清除膜上压的土,以防止膜土压芽、压苗、压枝而影响幼苗生长发育。尤其是黏性土壤,遇雨易结块,块土压在膜上,将严重影响花生疏土出苗。为此,应及时除去膜上盖的土。播种花生时难免出现严格掌握播种标准而出现出苗后膜下压的侧枝较多,有时穴空对不齐也容易造成侧枝压枝现象的出现。为此,当花生苗达 4 片针叶时,要将压在塑料膜下的枝抠出来,使幼苗侧枝能够在没有任何压力的情况下正常生长,从而早生快发,提高结实能力,促进增产。

③查苗补种,争取全苗 在开膜、引苗清土时,要

认真进行查苗补种。如发现坏种或死苗的,应及时将坏种或死苗抠出,随即进行催芽补种或将芽苗补栽上,并确保成活,力争使花生田达到苗全、苗齐、苗壮。

(2)防旱排涝 地膜花生在播种前,都要浇足水,确保有个好的墒情,而且花生播种出苗后,暂时不下雨也能正常生长。但长时间干旱,或虽降雨但满足不了花生正常生长所需水分,就应及时浇水,以保持花生根、茎、叶生长的活力,增强光合作用,提高果仁指数而确保高产。当0～30厘米土层平均含水量小于田间最大持水量的50%,即沙壤土绝对含水量的12.5%时,叶色变得墨绿,花量开始减少,中午或遇高温天气叶片萎蔫,应及时浇水,以恢复土壤湿度,但不要大水漫灌。据测试,遇旱浇水可使前期有效花增加6%,结实率提高4.3%,饱果率提高3.5%。同时,在花生生长期间也必须注意排涝。在花生生长期间,如遇连降大雨,使花生田垄沟积水,将严重威胁花生正常生长。田间持水量过大,将影响花生根系对于养分的吸收和通透性,严重影响呼吸作用,甚至停止生长。在花生结果后遇水大会造成花生荚果的腐烂。为此,如遇雨大、雨多,造成花生田间积水严重必须进行排水,以确保花生正常生长。

(3)追肥 根据花生长势适当追肥,以确保花生生育期间对养分的需要。具体做法,见花生施肥技术。

（4）防治病虫害 花生从种到收都会因土壤、气候等自然环境条件出现各种病虫危害。因此，一定要认真观察田间花生生长情况，遇花生病虫危害要及时采取措施，认真防治。具体做法见本书花生主要病虫害防治技术。

11. 花生施肥技术

（1）施肥用量 试验表明，花生在生长中氮、磷、钾肥的适宜比例，北方地区氮：磷：钾为 10.70～0.90、0.40～0.60，平均为 10.80、0.65、0.50；南方地区为 10.50～0.70、0.70～0.90，平均为 10.60、0.70、0.80。如果每 667 米² 产 300 千克荚果，一般需要每 667 米² 施氮肥 11～14 千克，则北方地区氮：磷：钾的平均施肥量为 12—10—6（千克），南方地区为 13—8—10（千克）。北方一般比南方土壤施肥能力强，氮肥利用率略高，氮素用量可偏下限，瘦地或农家肥用量较少，氮肥用量应偏上限。花生施肥具体要掌握以下几点。

①以有机肥为主无机肥为辅 即以农家肥为主，化肥为辅。花生种植，不论南方、北方，多种在山丘、沙壤土、旱薄地上。这种地多是土层浅、土质差、有机质含量低。为改良土壤，提高地力，为花生生长创造良好的养分条件，施肥就应以农家肥为主，化肥为辅，以提高土壤有机质含量。

②农家肥与化肥搭配 农家肥和化肥配合施用，

既可减少化肥有效成分的流失，又能促进土壤中微生物的活化，加速有机肥的分解，提高花生对肥料的吸收和利用率。

③施足基肥适当追肥　花生多为旱地栽培，所施肥料又多为迟效性农家肥，而花生根系吸收肥力是在开花下针以前最强。因此，同样数量的肥料，往往作基肥和种肥的效果比追肥高。在大面积花生田如采取"一炮轰"的办法，就是一次施足基肥，一般可以少追肥或不追肥。如需要追肥，应用速效肥，根据墒情和花生苗、秧长势情况，适时适量追肥。

(2) 施肥方法

①基肥和种肥　基肥要将钾肥和大部分的过圈粪、尿素和磷肥结合秋翻整地时一次性施入，用少部分的过圈粪、尿素和磷肥混合集中作种肥。施种肥时要注意肥、种隔离，以免烧种。

②追肥　一是苗期追肥。如果土壤肥力低又未施足基肥的春花生，幼芽生长不良，根瘤也不能正常发育，必将影响主要结实枝的生育和前期有效花生芽的分化。苗期追肥应在始花前后，时间越早越好。追肥时，不应单一用肥，而应氮、磷、钾肥同时追。至于追多少肥应根据苗长势而定。二是追肥应在雨后或结合浇水，每 667 米² 追施炕洞土或腐熟的优质过圈粪 500～1 000 千克，同时拌碳酸氢铵 15～20 千克或尿素 5～10 千克、过磷酸钙 20～30 千克、草木灰 30～

40 千克。追肥一定要注意采用开沟撒施。三是花期追肥。花生在开始开花到大批果针入土前,株体迅速壮大,对养分的需求吸收急剧增加,自身的根瘤菌开始源源不断地供给大量氮素营养。此期,如基肥不足,应根据花生长势,及时追施花肥。在中性壤土上,每 667 米^2 追施 200～300 千克捣细的优质圈粪,撒于花生地垄旁,并培严。四是叶面追肥。在花生结荚饱果期脱肥,又不能进行根部追肥的情况下,可采用每 667 米^2 用 1％～2％尿素溶液和 2％～3％磷酸溶液或 0.1％～0.2％磷酸二氢钾溶液 50～75 升,进行叶面喷施,可起到促进叶大,根系发达,延长花生顶叶功能期,提高结实率和饱果率的效果。

12. 收　获

(1) 成熟的标准　当花生叶色变黄,部分茎叶枯干、中下部叶片脱落,是花生已经成熟的标志。除此外,还要观察荚果的充实饱满度,检查多数荚果是否饱满,如大多数荚果已饱满,说明该品种花生已经成熟。一般观察,早熟小果型品种花生的饱果指数达到 75％以上,中早熟大果型品种的饱果指数达到 65％以上,普通中熟花生品种的饱果指数达 85％以上,即为成熟的果实标志。从花生果、果壳的标志看,花生果外壳由白变黄褐色。

(2) 适宜的收获期　花生的收获要适时,既不能早,也不能晚。收获过早,荚果不饱满,产量、含油量、出仁率都将减少和降低；收获晚了，早熟饱满的荚果易脱落，籽仁内的脂肪也易酸败，会降低品质和产量。如何确定花生的收获时间，除依据饱果指数外，还应根据当地气候和品种熟性以及花生长势灵活掌握确定。因为气温过低，荚果就不能鼓粒，植株上部鲜叶凋落太多，就不能再进行光合作用，荚果不但不能因光合作用再充实饱满，而且茎枝很快会枯衰。如每条茎枝上的鲜叶片少于 3 片，当日平均气温低于 15℃ 的气候条件下，尽管花生饱果指数尚未达标，也应马上收获。

花生的收获适期应掌握在一般北方计划翌年留作种子用的春播中熟大花生应在寒露前后收完，霜降前晒干入库。普通大田适宜的收获期，北方春播大花生产区中早熟品种，应在 9 月上中旬收获。

四、花生地膜覆盖试验总结

(一)花生地膜覆盖试验田实施方案

1. 推广的主要内容

(1)播种前准备

①选地　种植花生尽量避免重茬和迎茬,要求前茬是玉米、小麦、谷子等禾谷类作物,一般要求实行3年轮作。

②整地与施肥　地面要求平整干净,无坷垃杂物,防止刺膜。结合整地进行施肥,先施肥再套垄。每 667 米² 施农家肥 2 000~2 500 千克,施磷酸氢二铵 50 千克,尿素 25 千克或三元复合肥 50 千克。

(2)适时播种覆膜,合理密植

①地膜厚度　0.008~0.010 毫米。

②覆膜方式　先播种后腹膜,在覆膜前要浇足底水,保证土壤墒情。

③喷洒除草剂　一般使用乙草胺,每 667 米² 用 50%乙草胺乳油 100 毫升对水 30 升,用背负式喷雾器均匀喷施。

④播种深度　种子覆土不超过5厘米。

⑤播种时间　4月25日前。

⑥合理密植　每667米²保苗20 000株。

⑦播种方式　一种是"大垄双行",大垄85～95厘米,株距17～18厘米。另一种是(双垄)扣膜。

⑧品种　采用"中四粒红"(俗名大弯腰子)。

⑨种子处理　一是要晒种,在播前5～10天选无风晴天将花生种子晒1～2天;二是去壳,在播前1～2天内脱壳;三是选种,脱壳后的种子要严格选种,选粒大,无病菌,饱满果实为种;四是进行发芽试验,发芽率达80%以上就可作种;五是浸种,将选好的种子置于30℃温水中浸泡4小时,捞出后放大筐篓里用湿布盖好,保持在20℃环境中24小时,待胚根露出种皮即可;六是拌种,将浸好的种子进行微量元素和农药拌种。将二者倒入一个容器里,加上种子量10%的水进行搅拌,随拌随播。

(3)田间管理

①检查覆膜　春季覆膜风大,地膜容易被风吹起、吹破,所以要经常检查及时加盖,保持地膜封盖严密。

②引苗　出苗60%以上开始破膜引苗,引苗后覆土压严。

③肥水管理　采取蹲苗、晒花、晒针、润果的管水方法。花生出苗后10～15天不需浇水,进行蹲苗。

半月后看苗情土壤湿度浇水。盛花期根据土壤墒情适时浇水,以利于果针迅速入土。如基肥不足,可在盛花期结合浇水追肥,每垧地追施尿素 45～50 千克,复合肥 100～150 千克。积极进行根外追肥。在花生盛花期用多元微肥、双效微肥或植物生长调节剂进行叶面喷施,每隔 7～10 天喷 1 次,共喷 2～3 次。可起到防早衰,增产促早熟的作用。

④病虫害防治　花生苗期主要地下害虫,蛴螬、金针虫、金龟子,可向膜内或根部注入毒水或克百威施入根部。地上害虫主要是蚜虫,防治方法:可用 40％氧化乐果乳剂喷雾(按说明书用量对水)或用 20％氰戊菊酯乳油对水喷雾。

花生的主要病害有:根腐病、褐斑病、黑斑病,防治办法,用根腐宁防治。用福美霜防治叶斑病和根腐病。对褐斑病、黑斑病可用 50％多菌灵或 50％甲基硫菌灵可湿性粉剂 1 000 倍液防治,喷药要从下向上喷。

(4)收获　收获时间在 9 月中旬进行。当花生植株顶端叶片变黄,部分茎叶干枯,基部和中部叶片脱落时即可收获。收获时可用人工挖拾和犁稍,收后就地带秆晾晒,3 天翻动 1 次,水分降至 15％时脱果,进一步晒到水分 9％以下即可贮藏。

2. 实施地点、规模

吉林省白城市洮北区林海镇四合村共计 17 户,

25.2公顷。

3. 年度计划内容、进度和考核指标

第一年,完成花生地覆膜盖大垄双行与小垄双覆膜对比试验和花生覆膜与不覆膜的产量、质量对比。第二年,大面积推广花生地膜覆盖的先进技术,年终做好总结分析(图 4-1)。

图 4-1　花生地膜覆盖示范田

(二)花生地膜覆盖栽培技术试验总结

花生地膜覆盖栽培技术试验项目实施以来,得到了当地领导的大力支持,全体参加项目人员和种田户的积极努力,使各项技术措施真正落到了实处,取得了非常好的效果。现将工作总结如下。

1. 完成情况

该项目在吉林省白城市洮北区林海镇四合村实施,推广面积达 25.2 公顷,平均每公顷产量达 4 440 千克,比不覆膜平均每公顷产量 3 105 千克增长 42%,增收 4 683 元(每千克花生仁按市场收购价格 3.50 元计价),扣除成本,每公顷纯增收 3 423 元。

2. 组织实施

(1)积极采取各种组织措施切实抓好落实 一是取得领导支持。在抓好试验的同时,认真分析当地花生生产的形势和发展前景,取得了领导的重视与支持,把发展花生地膜覆盖栽培技术,作为 2005 年调整花生产业结构,促进花生生产规模的主要措施进行实施;二是及时成立了项目领导小组和技术指导小组。领导小组成员由社主任和农户代表组成,成立由镇农业站和乡技术员组成的技术组,领导小组和技术指导小组结合各自的业务开展工作。领导小组和技术指导小组的负责同志还多次赴各农户进行协调落实,真正把任务落实到户、落实到地块。

领导小组和技术指导小组成员在备春耕期间深入农户进行全面系统的技术指导,大力宣讲花生地膜覆盖栽培技术,并帮助农民选择地块,选购地膜种子、化肥、除草剂等物资,充分做好备耕工作。在覆膜播种和作物生长发育期间,又按农时季节深入田间地头进行指导；并通过召开现场会、示范参观等形式，切实搞好各项技术措施的落实。

(2)积极进行技术培训 技术培训是农技推广工作的前提。为把科技培训工作真正落到实处，技术骨干们在冬闲、春耕期间深入各村、屯进行巡回讲课，积极传授花生地膜覆盖栽培技术。先后共举办各种类型的培训班 15 场（次）、培训人数达 335 人次，印发科技资料 200 余份。为了进一步搞好花生地膜覆盖栽培技术推广工作，还通过召开现场会向农民传授这项栽培技术。共召开村级现场会 3 次，参加人数很多，有力地推动了这项工作的开展。

为了切实搞好该项目的技术培训工作还进行了专门部署，对宣讲内容、师资和授课方式进行具体安排，并通过现场参观等方式广泛宣传这项技术，使从未接受过有关花生地膜覆盖栽培技术的农民学到并掌握了这项技术，激发了他们应用这项技术种植花生的积极性，为项目的顺利实施提供了技术支撑。

(3)积极搞好物资准备工作 在备耕期间、参加项目的全体同志积极协调农行、生资和地膜、种子肥料经营户，搞好地膜、种子、化肥等物资的供应工作，充分满足了项目的物资需求。

(4)建立示范户，以点带面 为了更好地落实各项技术措施，建立了科技示范户 4 户。在整地施肥、覆膜播种等生产环节，科技人员都亲自到场指导操作,让这些农户率先采取各项技术措施来带动周围的农民一起行动。

3. 技术措施

(1)选用良种　选用四粒红、中四粒、亚美406、白沙285等优良品种。

(2)选地　选择了土层深厚、土壤肥沃、能排易灌、土质疏松、果针容易入土的沙壤土地块。前茬选择了玉米、小麦等茬口,作为地膜花生试验田。

(3)整地与施肥　采取秋天深翻地春做畦的方法,并使土面平整干净、无杂物,以防止刺破地膜。结合整地平均每公顷施优质农肥24.3米^3。纯氮58.1千克、磷59.1千克、硫酸钾28.4千克(折合尿素76.0千克、磷酸氢二铵128.5千克、硫酸钾56.8千克)一次性施入作基肥。

(4)种子处理　首先进行晒种,人工去壳选种,去掉小粒、瘪粒和霉烂变质粒,并用多菌灵进行了拌种。

(5)适时覆膜播种合理密植　4月25日之前全部覆膜播完种。行距35～37厘米,株距18～20厘米。

(6)检查覆膜,查苗补苗　对于先播种后覆膜的要及时引苗出膜,防止烧苗,并保持地膜封盖严密。

(7)追肥　对基肥不足或脱肥地块进行了追肥。平均每公顷追尿素90.7千克。

(8)根外追肥　在盛花期用多元微肥、复合磷酸二氢钾、双效肥等微肥进行了叶面喷施.每隔 10 天左右喷施 1 次,共喷 2～3 次。

(9)浇水　主要浇了播种前、湿针、润果水,其他时期不旱一般不浇水。

(10)及时防治病虫草害　花生发生的主要病虫害有立枯病、花斑病、锈病和蚜虫等。对于立枯病、花斑病、锈病用多菌灵、百菌清等进行了防治,对于蚜虫用乐果进行防治。对于杂草采用除草剂精喹禾灵、精吡氟禾草灵、烯禾啶进行除草。

(11)适时收获　过早收获花生果不成熟,过晚收花生会发芽,或霜打果,降低收入。

五、微量元素与植物生长调节剂 在花生生产中的应用

（一）硼素肥料

1. 功　能

（1）促进碳水化合物的运转　硼能加速糖的运转。同时，生长素也需伴随糖进行运转，因而施硼肥也促进了生长的运转。

（2）促进生殖器官的正常发育　花器官含硼量也较高，尤其柱头和子房最高，它能刺激花粉的萌发和花粉管伸长，有利于受精结实。经过 5 年试验，施用硼肥的花生可增产 12%～17%。

2. 效　果

据检验，花生施硼素肥料后，硼比较集中地分布在茎尖、根尖、叶片和花器官中。花生缺硼时根尖停止生长，叶片厚实呈褐色，茎生长点枯死矮小，花少、针少，荚果空心，籽仁不饱满。在一些酸性有机质含量低的土壤上施硼肥，花生可增产 15% 左右。

3. 施用方法

土壤中有效硼含量低于 1 毫克/千克为缺硼,低于 0.5 毫克/千克为严重缺硼。据测定,我国北方花生产区土壤有效硼含量多数低于这个界限。为提高花生产量必须人工补施硼肥。

(1)基肥 每 667 米² 可施 0.25～0.5 千克硼砂为基肥,结合耕地与其他肥料一起均匀撒施。每 667 米² 可增产荚果 18.1～33.5 千克,增产率可达 11.98%～17.1%。

(2)拌种 每千克种子拌 0.4 克硼砂。将所需硼砂用清水溶解后,均匀地与种子搅拌在一起;或将种子摊平,用喷雾器将硼砂溶液均匀喷洒在种子上,花生饱果指数可提高 12.5%,可增产花生荚果 9.5%左右。

(3)喷施 叶面喷施最佳浓度为 0.2%～0.3%。据试验,苗期、开花期、结荚期各喷 1 次,饱果指数可提高 7.3%,千克果数少 80 个,出仁率多 1.6%,每 667 米² 可增产花生荚果 30 千克,增产率为 17.6%。

(二)钼素肥料

1. 功　能

(1)是硝酸还原酶的组成成分 钼类肥料是硝酸还原酶的组成成分,而作物吸收的硝态氮必须在硝酸还原酶的作用下还原,转变为氨才能被同化。

(2) 能促进豆科作物根瘤的固氮作用和增进叶片光合作用的强度 提高肥料利用率。缺钼,硝态氮的积累,氮素的同化作用受到抑制,呈现植株矮小,叶片失绿,生长缓慢甚至叶片枯萎,以至坏死,根瘤少而小,固氮能力减弱。

2. 效 果

钼肥是高效能肥料,用量少,肥效高。花生施用少量钼肥,幼苗健壮,叶色深绿,根瘤数量多,发育好,具有明显的增产效果。据试验,钼肥浸种的花生比对照的平均早出苗 1~3 天,主茎增高 0.6~3.8 厘米,主茎节数增加 1.3~2.8 节,节间缩短 0.23~0.71 厘米,单株秆重提高 20%~100%,根瘤数增加 50%~60%,饱果指数提高 34.7%~123.9%,增产率可达 20% 左右。

3. 施用方法

土壤中有效钼含量低于 2 毫克/千克就应补钼肥,具体施用方法如下。

(1) 拌种 拌种时,每 667 米² 用钼酸铵 15 克,先用少量热水溶解,再用冷水稀释到 3% 浓度与种子一起搅拌,或种子摊开喷洒溶液,翻动种子,晒干后播种。据测试得知,采用上述施肥办法比对照没施钼肥的每 667 米² 增产荚果 34.9 千克,增产率最高可达

24%。

(2)浸种　浸种的钼酸铵用量为每 667 米² 15克,稀释浓度 0.1%,浸泡种子 12 小时。种子与溶液之比为 1:1,浸至种子中心尚有高粱粒大小的圆点最适宜。据测试,采用上述施肥比对照没施钼肥的每667 米² 增产花生荚果 21.8 千克,增产率为 13%。

(3)喷施　叶面喷施浓度为 0.1%,每次每 667米² 用钼酸铵 15 克,对水 15 升,搅拌溶解后,于苗期和开花下针期各喷 1 次,每 667 米² 增产花生荚果41.7 千克,增产率可达 19.9%。

总结各地经验,钼肥每 667 米² 用量 6~15 克,拌种浓度 2%~3%,浸种浓度 0.05%~0.2%,喷施浓度为 0.1%~0.2%。

(三)锌素肥料

1. 功　能

锌对植物体内多酶的组成成分,对二氧化碳光合反应等许多代谢过程都有影响,它能促进植物生长素的合成,对蛋白质的合成有明显的促进作用。能使碳水化合物转化和籽仁产量提高。花生缺锌,茎枝节间缩短,叶片小,叶色黄白,出现黄白小叶症。

2. 效　果

据观测,花生缺锌不仅在叶片上表现出黄白色小叶症状,而且株高和整齐度以及产量都比施锌素肥料差。锌素充足,生长旺盛,株高叶茂,叶面积多数明显增大。经有关院校试验,用锌肥处理的单株秆重在 7 月中旬测比没处理的增加 1 倍以上,花量增加 5 倍多,花生荚果产量提高 22.37%～35.72%。

3. 施用方法

(1)浸种 采用 0.15% 硫酸锌溶液浸种 12 小时,经大面积推广应用,可提高花生产量 12.5%～13.2%。

(2)叶面喷施 用 0.2% 硫酸锌溶液与硫酸亚铁溶液喷施花生叶片,可防止花生黄白小叶症。

(四)锰 肥

1. 作 基 肥

每 667 米^2 用硫酸锰 2.2～4 千克,随耕地均匀地施入土中,可使花生增产 14.8%～19.9%。

2. 施用方法

叶面喷施,用 0.1% 硫酸锰溶液,于花生播种后40 天开始喷施,每 15 天喷 1 次,一直喷到离收获期20 天为止,在缺锰严重地块施入锰肥可增产花生80%左右。

(五)花生增产灵

花生增产灵,主要含硼、钼、锌等微量元素。150千克花生仁用 50 克花生增产灵浸种 10 小时,要求浸种水超过种子表面 1.5 厘米,一般可增产 10％以上。

(六)稀土肥料

含氧化稀土 38％,主要成分是硝酸镧和硝酸铈。

1. 功　能

稀土含有镧、铈、镨、铕、钆、钪和钇等 17 种稀有元素。施用后对花生等多种农作物均有促进生长和增产的效果。

2. 效　果

据试验,在花生田施用稀土肥料,能使花生提早开花,增加有效花量,促进植株干物质的积累,促进荚果发育和籽粒充实,增产幅度 5.38％～9.17％。另据试验,花生施用稀土肥料,能促进花生营养体生长,提高光合效能促进根瘤形成,使有效根瘤数达 14.2％,单株荚果重提高 16％,生物质产量提高 24.96％。

3. 施用方法

以叶面喷施增产效果好。叶面喷施浓度苗期为

0.01%，始花期为 0.03%，喷施后最高可增产 12.9%。其效果以喷 3 次为最好，喷 2 次的又好于喷 1 次的。注意事项：一是用微肥浸泡过的种子，在进行种子包衣时，需把种子放在阴凉处阴干后再进行包衣；二是用微肥拌过的花生种，需进行包衣时，也应在阴干后进行；三是包衣剂与微量元素肥料不可发生拮抗。

（七）植物生长调节剂

1. 多效唑（又名 P_{333}）

多效唑是一种植物生长延缓剂，也是一种杀菌剂。农业上应用的多效唑是有效成分含量 15% 的可湿性粉剂。

（1）功能与效果 多效唑具有阻碍植物体赤霉素生长合成的作用，是一种与赤霉素拮抗的活性物质，施用后能强烈地延缓花生茎枝生长，并能使叶片增厚，增加叶片气孔阻力和增大贮水细胞的体积，降低叶片蒸腾速率，提高花生耐旱能力。另外，多效唑还具有杀菌能力，对花生叶斑病和根腐病等病害有一定的防治效果；具有抑制植株徒长，减少无效花，促进根芽生长，提高结实率和饱果率的效能。经多点大面积高产田试验，适时喷施多效唑，能使花生主茎缩短 13.8%～24.3%，侧枝缩短 11.1%～36.5%，总分枝数增加 3.3%～23.8%，单株结果数增加 9.8%～

13.7％,百果重提高 5.8％～7.5％,饱满果指数提高 5.5％～9.3％,花生荚果增产 15％～24.5％。

(2)施用方法

①施用浓度　喷施的适宜浓度为 25～75 毫克/升,以 50 毫克/升为最佳。如每 667 米² 配制 50 升 50 毫克/升的水溶液,可称取有效成分含量 15％的多效唑可湿性粉剂 16.7 克,直接放入 50 升清水中混匀即可。施用时喷于花生顶部叶片。

②喷施适期　多效唑主要是用于花生高产田以控制地上部生长,促进地下部生长。因此,喷施适期以花生单株盛花期至结荚期为宜。过早,会妨碍花生植株的正常发育,减少有效花量;过晚,不能有效地控制花生植株徒长易倒伏。

(3)注意事项　一是喷施多效唑易诱发花生生长后期出现锈病,因此在花生生长后期注意防治锈病;二是喷施多效唑后,如在喷后 8 小时内遇雨,一定要重喷。

2. 高效花生增长剂

别名花生乐,是一种人工复合配制的花生专用增产剂。剂型为黑褐色粉剂,分 A 型和 B 型两种产品,在干燥条件下,保质期为 2 年。

(1)作用与效果　高效花生增长剂是由酚类化合物、植物抗病诱导因子、微量元素和植物生长调节剂等成分复合配制而成的。该产品兼有对花生生理活动及发育的调控、营养和免疫促进功能,施用后可减轻病害,防止倒伏,促进高产稳产。试验结果显示,施高效花生增长剂的花生,每 667 米^2 产荚果 293.9 千克。其中,A 型产品平均每 667 米^2 增产 66.65 千克,增产率为 29.3%;B 型产品平均每 667 米^2 增产 56.4 千克,增产率为 25.7%。一般情况下,每 667 米^2 用药量 160 克,增产率为 15%;每 667 米^2 用药量增至 320 克,增产率可达 20%。

(2)施用方法 一般为叶面喷施,即施用前先用少量温水将增长剂溶解,再加清水稀释到 0.25%~0.5% 的浓度。也可用 25℃ 以上井水直接溶解,搅拌 3~5 分钟。溶解后,将调好适宜浓度的药液均匀喷洒到花生植株上,每次每 667 米^2 用药量 160~320 克,对水 65 升。在花生生育期喷施 1~2 次,第一次喷药以结荚初期为宜,第二次喷药在首次喷施以后 15 天为宜。

(3)注意事项

第一,高效花生增长剂的 A 型产品为生长延缓剂,只能用于花生高产田;B 型产品为生长促进剂,主要用于花生的中低产田。

第二,在田间喷施高效花生增长剂后,其有效成分迅速分解,不污染环境,不影响下茬作物生长。由于喷药后花生植株体内含有大量多元酚化合物和细胞壁多糖,所以该产品对人、畜没有潜在危害。

六、花生高产品种简介

（一）适合地膜覆盖的花生高产良种

1. 海花1号

（1）品种来源 海花1号原名"71-2-1"，由山东省海阳市黑崮农科队育成。一般每667米^{2}产花生荚果200千克以上，高产栽培可达500千克以上，是北方春播花生的主要高产品种之一，也是地膜覆盖种植花生的优选品种。

（2）特征特性 该品种为中间型直立大花生，春播生育期145～150天。苗期生长较弱，在高产条件下，株高只有40～45厘米，总分枝7～9条。节间短，秸秆坚韧，抗倒伏力强。叶片小，倒卵形，叶色深绿。荚果多为2室，以蚕茧形和斧头形为主，纵横网纹较浅，百果重200～220克，双仁果率较高，达65%～75%，饱果率达70%～75%。种仁椭圆形，种皮浅红色，无光泽，有裂纹，百仁重90克左右，出仁率73%左右。较抗叶斑病和病毒病。

（3）栽培要点 该品种耐肥水，适宜中上等以上

肥水条件下春播和麦田套种。种植密度为每 667 米²
9 000～10 000 穴,每穴 2 粒为宜。

2. 鲁花 11 号

(1)品种来源　系由山东省莱阳农学院育成。一
般每 667 米² 产花生荚果 250 千克,比海花 1 号增产
10％左右。

(2)特征特性　该品种为中熟立蔓大花生,生育
期 135 天左右。株高 40 厘米左右,侧枝长 42 厘米左
右。单株分枝 8～9 条,结果枝 7～8 条,连续开花型。
荚果普通形,果腰明显,网纹清晰。种子椭圆形,种皮
鲜艳,粉红色,无裂纹,符合出口要求。百果重 220 克
左右,百仁重 92 克左右。苗期长势强,不早衰,结果
多而集中,不易落果。抗旱性强,较抗叶斑病、网斑
病、枯萎病和病毒病,丰产性好。

(3)栽培要点　该品种耐肥水,适应性强,适宜中
等或中上等肥力条件下种植。春播也可与其他作物
间作套种,种植密度每 667 米² 9 000～10 000 穴,每穴
2 粒为宜。

3. 冀油 4 号

(1)品种来源　系由河北省邢台地区农科所育
成。参加全国区域试验,平均每 667 米² 产种仁
181.7 千克。比花 37 增产 7.3％,居首位。

(2)特征特性　该品种为中早熟立蔓大花生,荚

果整齐饱满,出仁率高,生育期 140 天左右,既可春播,又可在麦垄套种,抗叶斑病,耐病毒病,抗旱性好。适宜中等或中上等肥力条件下种植,种植密度为每 667 米² 9 000~9 500 穴,每穴 2 粒。该品种突出的优点是适口性好,适合烘烤加工。

(3)栽培要点 一般每 667 米² 产花生荚果 200~250 千克,比花 37、海花 1 号增产 10%~15%,高产栽培的每 667 米² 可突破 500 千克大关。

4. 北京 6 号

(1)品种来源 系由北京市农林科学院作物研究所育成。1991—1993 年参加北京市花生品种区域试验,3 年平均荚果、种仁单产分别比花 37 增产 26.2%、28.8%,居首位。在大田生长,比海花 1 号增产 16% 以上,高产栽培的每 667 米² 产花生荚果达 500 千克以上。1994 年通过北京市农作物品种审定委员会审定。

(2)特征特性 该品种为中早熟立蔓大花生,生育期 130~145 天。株高 40 厘米左右,单株分枝 8~9 条,连续开花,结果集中。荚果普通形,网纹较清晰。种子皮色粉红,种皮无裂纹,百果重 230 克左右,百仁重 96 克左右,出仁率 74% 以上,含油率 51.3%,含蛋白质 26.6% 左右。适口性好,适宜用作副食品加工。抗枯萎病和茎腐病,中抗叶斑病。耐黏性好,适宜春播和套种。

(3)栽培要点　该品种抗旱耐涝,既适宜于沙壤土种植,又适宜于黏壤土种植,在中上等肥水条件下高产稳产。种植密度为每 667 米² 8 500～9 500 穴,每穴 2 粒。

5. 徐花 5 号

(1)品种来源　系由江苏省徐州市农科所育成。在江苏省区域试验中分别比鲁花 9 号增产 7.2%,比海花 1 号增产 14.5%。中肥地一般春播每 667 米²产花生荚果 300 千克以上,夏播产花生荚果 250 千克,夏播覆膜产花生荚果 300 千克以上,最高的可达 400 千克。

(2)特征特性　该品种属中早熟、直立、中大粒品种。总分枝 8～10 条。荚果普通形,偏长,双仁果多,种仁椭圆形,光滑,粉红色,商品性好,含油率高,春播出仁率 75% 左右,夏播出仁率 73% 左右。出苗快、生长势强,抗旱性及抗病性均强,耐湿性、种子休眠性中等。

(3)栽培要点　该品种适应性强,春、夏播均适宜。淮北地区生育期春播 128 天,夏播 110 天左右。春播每 667 米² 8 000 穴,与小麦套种 8 000～9 000 穴;夏播 9 000～10 000 穴,每穴 2 粒。

6. 天府 10 号

(1)品种来源　系由四川省南充地区农科所育

成。是适于春播的高产品种,在四川省区域试验中,比天府 3 号增产 9.3%。一般春播平均每 667 米² 产花生荚果 246.5 千克,高产栽培产花生荚果可达 495 千克。

(2)特征特性 该花生品种属珍珠豆型,早熟,直立,中、小粒种。春播生育期 135 天左右,夏播 110 天左右。株高 56 厘米左右,总分枝 8~9 条,结果枝 7~8 条,荚果普通形或斧头形,百果重 134~145 克,百仁重 59~60 克,出仁率 78%左右。经检测:种仁脂肪含量 53.98%,蛋白质含量 23.3%,油酸、亚油酸比值为 1.05。抗倒伏、抗旱性较强,较抗叶斑病和纹枯病,不抗青枯病和锈病,种子休眠性中等。

(3)栽培要点 该品种在四川省、西北、东北地区 3 月下旬至 5 月下旬均可播种。麦套栽培在麦收前 25~30 天播种为宜。种植密度为每 667 米² 8 500~9 500 穴,每穴 2 粒,每 667 米² 确保 18 000~19 000 株。中等肥力地块以大垄双行栽培为宜,山冈瘠薄地以宽窄行与平作为好。

7. 鲁花 14

(1)品种来源 它是山东省花生研究所育成的早熟高产品种。在山东省区域试验中,春播种比对照鲁花 9 号增产 10.3%。平均每 667 米² 产花生荚果 259.6 千克,高产示范田每 667 米² 产花生荚果 706.7 千克,创造了早熟花生高产新纪录。

（2）**特征特性**　该品种属中间型早熟高产品种，春播生育期130天左右。株高35厘米左右，分枝8～9条，株型直立紧凑。节间短，叶色深绿，开花量大，结果率高，果柄短而坚韧，不易落果。属粗腰普通形，种仁椭圆形，种皮粉红色。经检测：出仁率75.2%，粗脂肪含量52.2%，粗蛋白质含量26.99%，油酸、亚油酸比值1.7，耐贮性好。抗旱，耐贫瘠，抗倒伏，抗叶斑病、网斑病。

（3）**栽培要点**　适于春播、麦套，夏直播和覆膜播种。

8. 中花5号

（1）**品种来源**　系由中国农科院油料作物研究所育成的高产、早熟大粒花生新品种，在长江流域区域试验片平均每667米^{2}产花生荚果295.05千克，比对照中花4号增产6.29%，地膜栽培每667米^{2}产花生荚果480千克左右。

（2）**特征特性**　该品种属珍珠豆型早熟大粒种，春播生育期120～125天，夏播105～110天。株型直立，株高46厘米，茎秆粗壮，总分枝7～8条，结果枝6～7条。经检测：百果重185克，百仁重85克，出仁率75%左右，粗脂肪含量55.43%，蛋白质含量26.5%。出苗快且整齐，生长势较强。耐肥，抗旱性较强。耐叶斑病，种子休眠性中等，不抗锈病。

（3）**栽培要点**　该品种在长江流域4月中下旬春

播,在我国北方4月下旬5月上旬播种,地膜栽培应于4月中旬播种。种植密度为每667米² 8 000～10 000穴,每穴2粒。

(二)适合地膜覆盖的大、小粒型良种

1. 花育22号

(1)**品种来源** 山东省花生研究所经系谱法选育而成的早熟出口大花生新品种。2003年通过山东省农作物品种审定委员会审定。

(2)**特征特性** 属中间型大花生,生育期130天左右,荚果普通形,果较大,网纹粗,籽仁椭圆形,种皮粉红色,内种皮金黄色,符合普通型传统出口大花生标准。疏枝、早熟,株型直立,叶色灰绿,结果集中。平均主茎高35.6厘米,侧枝长40厘米,总分枝数9条,单株结果13.8个,单株生产力18.8克。百果重245.9克,百仁重100.7克,千克果数573个,千克仁数1 108个,出仁率71%。统一取样(风干样品)经农业部食品质量检验测试中心(济南市)测定品质:脂肪含量49.2%,蛋白质含量24.3%,油酸含量51.73%,亚油酸含量30.25%,油酸/亚油酸比值为1.71。抗病性及抗旱耐涝性中等。

(3)**产量表现** 在2000年、2001年全省花生新品种大粒组区域试验中,平均每667米² 产花生荚果

330.1千克、产籽仁235.4千克,分别比对照鲁花11号增产7.6％和4.9％,2002年参加生产试验,平均每667米² 产花生荚果372.2千克、产籽仁268.9千克,分别比对照鲁花11号增产8.8％和7.5％。

(4)适宜种植地区及栽培要点 适于我国北方大花生产区,包括山东、河北、河南、山西、陕西、辽宁、吉林、北京、新疆等省、自治区、直辖市种植,在黄淮南部也适于夏直播。

2. 花育24号

(1)品种来源 山东省花生研究所经系谱法选育而成。2004年通过山东省农作物品种审定委员会审定。

(2)特征特性 早熟直立大花生,生育期129天左右;株型紧凑,疏枝型,平均主茎高39.9厘米,侧枝长44.4厘米,总分枝9条;单株结果17个,单株生产力21克,荚果普通形,籽仁椭圆形,种皮粉红色,内种皮浅黄色,百果重236.6克,百仁重96.6克,千克果数558个,千克仁数1 266个,出仁率73.4％。2003年取样经农业部食品质量监督检验测试中心(济南市)测定品质(干基):蛋白质含量22.72％,脂肪含量50％,水分含量5.4％,油酸含量51.75％,亚油酸含量30.54％,油酸/亚油酸比值1.69。较抗枯萎病、病毒病,抗叶斑病、锈病一般,抗旱、耐涝性中等。

(3)产量表现 2002年、2003年山东省花生大粒组区域试验中,平均每 667 米² 产花生荚果 337.48 千克、产籽仁 247.92 千克,分别比对照鲁花 11 号增产 5.58% 和 6.81%;2004 年生产试验平均每 667 米² 产花生荚果 331.5 千克、产籽仁 238.6 千克,分别比对照鲁花 11 号增产 9.4% 和 10.4%。

(4)适宜种植地区及栽培要点 适于在全国适宜地区作为春播、麦套大花生品种推广利用。春播 0.9 万~1 万穴/667 米²,每穴 2 粒。

3. 花育 25 号

(1)品种来源 由山东省花生研究所采用系谱法选育而成。2007 年通过山东省农作物品种审定委员会审定并定名。

(2)特征特性 属早熟直立大花生,生育期 129 天左右。主茎高 46.5 厘米,株型直立、紧凑,疏枝型。分枝数 7~8 条,叶色绿,结果集中。荚果网纹明显,近普通形,籽仁无裂纹,种皮粉红色。经检测:百果重 239 克,百仁重 98 克,千克果数 571 个,千克仁数 1 234 个,出仁率 73.5%,脂肪含量 48.6%,蛋白质含量 25.2%,油酸/亚油酸比值 1.09。种子休眠性强,抗旱性较强,耐涝性中等。较抗多种叶部病害和条纹病毒病,抗倒伏性一般。后期绿叶保持时间长、不早衰。

(3)产量表现 在 2004 年、2005 年山东省花生新品种大粒组区域试验,平均每 667 米² 产花生荚果

319.8 千克、产籽仁 232.5 千克,分别比对照鲁花 11号增产 7.3% 和 9.4%;2006 年参加生产试验,平均每 667 米² 产花生荚果 327.6 千克、产籽仁 240.9 千克,分别比对照鲁花 11 号增产 10.9% 和 12.2%。

(4)适宜种植地区及栽培要点 适宜大花生产区中等肥力以上土壤种植。春播 0.9 万～1 万穴/667 米²,每穴 2 粒。加强田间管理,防旱排涝。

4. 潍花 8 号

(1)品种来源 由山东省潍坊市农业科学院花生研究所育成的大花生新品种。2003 年通过山东省农作物品种审定委员会审定。2004 年通过国家农作物品种审定委员会审定。

(2)特征特性 属普通型早熟大花生。春播生育期 125～130 天,夏播 100 天左右。分枝粗壮、抗倒伏性强,叶色深绿。结果集中,整齐饱满,双仁饱果率高,果柄短、易收获。荚果普通形,籽仁椭圆形、粉红色。经检测:百果重 230 克,百仁重 96 克,出仁率 77%～80.6%,脂肪含量 52.7%,油酸/亚油酸比值 1.71,含糖量 7.4%,口味佳,符合食品加工和大花生出口要求。抗叶斑病,高抗病毒病,抗旱性强、耐涝性一般。

(3)产量表现 2000 年、2001 年参加山东省区域试验,平均每 667 米² 产花生荚果 346.66 千克、产籽仁 256.69 千克,分别比对照鲁花 11 号增产 13% 和

14.41%；2002 年参加省生产试验,平均每 667 米² 产花生荚果 376.89 千克、产籽仁 281.47 千克,分别比对照鲁花 11 号增产 10.1% 和 12.51%。2002－2003 年全国(北方片)区域试验,果、仁分别比对照鲁花 11 号增产 8.67% 和 15.84%；生产试验,果、仁分别比对照鲁花 11 号增产 9.67% 和 13.45%。一般每 667 米² 产 400 千克左右,高产的每 667 米² 产花生荚果达 650 千克以上。

(4)适宜种植地区及栽培要点 适于山东、河北、河南等北方花生产区推广种植,春播、夏播均可。密度春播 1 万穴/667 米²,每穴 2 粒。

5. 山花 7 号

(1)品种来源 由山东农业大学农学院选育。2007 年通过山东省农作物品种审定委员会审定。

(2)特征特性 属普通型大花生品种。生育期 129 天,株型紧凑,疏枝型,平均主茎高 39 厘米,侧枝长 43.4 厘米,总分枝 9 条;单株结果 15 个,单株生产力 20.6 克,荚果普通形,籽仁椭圆形,种皮粉红色,内种皮浅黄色,百果重 236.3 克,百仁重 97.6 克,千克果数 627 个,千克仁数 1 258 个,出仁率 73.4%。2004 年取样经农业部食品质量监督检验测试中心(济南市)品质分析(干基):蛋白质含量 24.6%,脂肪含量 50.3%,水分含量 5.2%,油酸含量 45.3%,亚油酸含量 32.7%,油酸/亚油酸比值 1.47。抗倒伏性一般,种子休眠性、抗旱性强,耐涝性中等,中抗叶斑病。

(3)产量表现 在 2004 年、2005 年山东省大花生品种区域试验中,每 667 米² 产花生荚果 329.5 千克、产籽仁 237.9 千克,分别比对照鲁花 11 号增产 10.5% 和 12.0%;在 2006 年生产试验中,每 667 米² 产花生荚果 329.8 千克、产籽仁 241 千克,分别比对照鲁花 11 号增产 11.7% 和 12.3%。

(4)适宜种植地区及栽培要点 适宜春直播或麦田套种地区种植。密度 0.8 万~1 万穴/667 米²,每穴 2 粒。注意化控防倒伏。其他管理措施同一般大田。

6. 临花 6 号

(1)品种来源 由山东省临沂市农业科学院、山东省种子总公司联合系统选育。2007 年通过山东省农作物品种审定委员会审定。

(2)特征特性 属普通型大花生品种。生育期 129 天,株型紧凑,疏枝型,平均主茎高 38.5 厘米,侧枝长 44.2 厘米,总分枝 10 条;单株结果 16 个,单株生产力 20.5 克,荚果普通形,籽仁椭圆形,种皮粉红色,百果重 235.5 克,百仁重 94.1 克,千克果数 555 个,千克仁数 1 211 个,出仁率 73.7%。2004 年取样经农业部食品质量监督检验测试中心(济南市)品质分析(干基):蛋白质含量 24.9%,脂肪含量 51.3%,水分含量 5.6%,油酸含量 43.7%,亚油酸含量

36.33％,油酸/亚油酸比值 1.2。种子休眠性强,较抗倒伏性,抗旱性中等,耐涝性一般,中抗叶斑病。

(3)产量表现 在 2004 年、2005 年山东省大花生品种区域试验中,每 667 米²产花生荚果 319.4 千克、产籽仁 232.2 千克,分别比对照鲁花 11 号增产 7.2％和 9.3％;在 2006 年生产试验中,每 667 米²产花生荚果 323.7 千克、产籽仁 238.9 千克,分别比对照鲁花 11 号增产 9.6％和 11.3％。

(4)适宜种植地区及栽培要点 适宜春直播或麦田套种大花生生产区种植。密度 0.8 万～1 万穴/667 米²,每穴 2 粒。其他管理措施同一般大田。

7. 邢花 2 号

(1)品种来源 由河北省邢台市农业科学院采用系谱法选育而成的优质高产早熟花生新品种。2002 年通过河北省农作物品种审定委员会审定。

(2)特征特性 生育期 109 天左右,直立型,叶片长椭圆形,叶色深绿,结果集中,平均主茎高 42.4 厘米,总分枝 8.1 条,单株结果 11 个,单株生产力 14.1 克,荚果普通形,较细长,整齐饱满,双仁果多,百果重 194.8 克。籽仁椭圆形,种皮粉红色,无裂纹,百仁重 78.8 克左右,出仁率 71.3％左右。粗脂肪含量为 53.47％左右,粗蛋白质含量为 24.07％左右。出苗快而整齐,生长发育稳健,抗旱。较抗叶斑病,耐病毒病。

(3) 产量表现　2000 年、2001 年参加河北省夏播区域试验,平均每 667 米^2 产花生荚果 269.38 千克、产籽仁 191.2 千克,分别比对照冀油 9 号增产 9.71％和 9.66％;2001 年参加河北省生产试验,平均每 667 米^2 产花生荚果 266.1 千克、产籽仁 190.53 千克,分别比对照冀油 9 号增产 7.78％和 8.49％。

(4) 适宜种植地区及栽培要点　适宜在冀中南麦套或夏直播种植。麦套密度 1.1 万穴/667 米^2,夏直播 1.2 万穴/667 米^2,每穴 2 粒。

8. 豫花 7 号

(1) 品种来源　由河南省农业科学院经济作物研究所杂交选育而成。2000 年通过国家农作物品种审定委员会审定,并获国家科技进步二等奖。

(2) 特征特性　麦套生育期 120 天左右,直立疏枝型,主茎高 32～47 厘米,侧枝长 34～54 厘米。叶片椭圆形,深绿色,中等大小;荚果普通形,百果重 230 克左右,籽仁粉红色,椭圆形。经检测:百仁重 95克,出仁率 70.1％～77.1％。脂肪含量 54.62％,蛋白质含量 28.59％,油酸含量 39.18％,亚油酸含量 40.13％,油酸/亚油酸比值 0.98。抗叶斑病、病毒病,对一般常见病(锈病、网斑病)抗性较好。

(3) 产量表现　1992—1994 年参加河南省麦套花生区域试验,平均每 667 米^2 产花生荚果 262.61 千克、产籽仁 194.39 千克,分别比对照增产 14.56％和

20.87%;1993—1994 年参加河南省生产试验,平均每 667 米² 产花生荚果 195.3 千克、产籽仁 139.6 千克,分别比对照增产 7.4% 和 11.8%。1997 年、1998 年参加安徽省生产试验,平均每 667 米² 产花生荚果 355.7 千克、产籽仁 269.05 千克,分别比对照增产 20.42% 和 23.79%。

(4)适宜种植地区及栽培要点　适宜麦套地区种植,春播也可,并应根据地力适当稀植。

9. 开农 30

(1)品种来源　由河南省开封市农业科学研究所杂交选育而成。2002 年通过国家农作物品种审定委员会审定。

(2)特征特性　疏枝型直立大花生,生育期 130 天左右。平均主茎高 41.4～46.3 厘米,总分枝 8 条。荚果普通形,网纹粗而明显,果嘴稍显,果长 3.82 厘米左右。籽仁椭圆形,种皮粉红色,无油斑。经检测:百果重 222.6 克,百仁重 108.7 克,粗脂肪含量 53.86%,蛋白质含量 23.65%,油酸/亚油酸比值为 1.1。高抗病毒病、青枯病,抗叶斑病和网斑病,轻感锈病。抗涝性强,抗旱性中等。

(3)产量表现　1997 年、1998 年参加河南省区域试验。1997 年平均每 667 米² 产花生荚果 319.8 千克、产籽仁 227.55 千克,分别比对照豫花 1 号增产 10.12% 和 12.18%。1998 年平均每 667 米² 产花生荚果 244.42 千克、产籽仁 167.08 千克,分别比对照豫花 1 号增产 3.24％和 7.57％。2000 年参加北京市生产试验,平均每 667 米² 产花生荚果 297.2 千克,产籽仁 217.6 千克,分别比对照鲁花 9 号增产 7％和 3.9％。

(4)适宜种植地区 适于河南和北京春播和麦套种植。

10. 花育 20 号

(1)品种来源 由山东省花生研究所采用系谱法选育的小花生新品种。2002 年通过国家农作物品种审定委员会审定。

(2)特征特性 属于早熟直立"旭日型"小花生品种,夏播生育期 114 天左右。疏枝型,平均主茎高 36.6 厘米,侧枝长 40.5 厘米,总分枝 7～9 条,结果枝 6 条左右,单株结果数 10.3 个,株丛矮且直立,紧凑,节间短,抗倒伏,叶色深绿,开花量大,结实率高,双仁果率一般占 95％以上。果柄短,不易落果。荚果普通形,百果重 173.8 克,百仁重 68.6 克,千克果数 804.8 个,千克仁数 1 662 个,出仁率 73.3％左右。2002 年农业部食品质量检验测试中心(济南市)测试:脂肪含量 53.72％,蛋白质含量 27.7％,2 项合计高达 81.42％,营养价值高;油酸/亚油酸比值为 1.51,比白沙 1016 高 0.6 左右,与美国兰娜相当,是国内小花生中油酸/亚油酸比值最高的花生品种。

2002年山东省农业科学院植保研究所进行鉴定，高抗网斑病、早斑病、条纹病毒病，抗性均比对照鲁花11号高1级以上。对倒伏和干旱也表现高抗。

(3)产量表现 在全国北方片2000年、2001年品种区域试验中，平均每667米²产花生荚果224.76千克、产籽仁164.21千克，分别比对照白沙1016增产15.18％和19.71％。2001年在全国北方片生产试验中，平均每667米²产花生荚果258.12千克，比对照白沙1016增产15.16％。2002年在山东省莱州市培育创高产攻关田1 400米²，2002年9月山东省科技厅委托山东省农业科学院组织国内专家进行测产验收，平均每667米²产花生荚果450.2千克，创造了出口小花生高产纪录。

(4)适宜种植地区及栽培要点 适于我国北方小花生出口产区种植，在黄淮南部也适于夏播。

11. 花育23号

(1)品种来源 由山东省花生研究所选育。2004年通过山东省农作物品种审定委员会审定。

(2)特征特性 生育期129天左右，属疏枝型直立小花生，平均主茎高37.2厘米，侧枝长43.1厘米，总分枝7.9条，果枝数5.9条，单株结果数17.7个，千克果数870.9个，千克仁数1 930.6个，百果重153.7克左右，百仁重64.2克，出仁率74.5％；籽仁脂肪含量53.1％，蛋白质含量22.9％，油酸/亚油酸比值1.54。出苗整齐,生长稳健,种子休眠性、抗旱性强,较抗叶斑病和网斑病。

(3)**产量表现** 2002年、2003年参加山东省区域试验和生产试验,区域试验平均每667米^{2}产花生荚果312.6千克、产籽仁234.0千克,分别比对照鲁花12号增产13.5%和16%;生产试验平均每667米^{2}产花生荚果281.5千克、产籽仁211.7千克,分别比对照鲁花12号增产21.5%和24.8%,表现出良好的适应性。

(4)**适宜种植地区及栽培要点** 适宜在我国河南、河北、辽宁、吉林、云南、广西等省、自治区的小花生产区种植。

12. 花育28号

(1)**品种来源** 由山东省花生研究所采用系谱法选育而成。2008年通过山东省农作物品种审定委员会审定。

(2)**特征特性** 属疏枝型早熟小花生品种,春播生育期115天左右。株型直立,平均主茎高37.7厘米,侧枝长41.5厘米,总分枝数8条,单株结果数15个,叶片长椭圆形,叶片中等大小,叶片浓绿色。荚果斧头形,网纹明显,果嘴微钝,荚果大小中等,籽仁形状三角形,无裂纹,种皮粉红色,结果集中。百果重192克,百仁重80.1克,千克果数700个,千克仁数1 493个,出仁率74.7%。经农业部食品质量检验测试中心(济南市)的检验表明:蛋白质含量 26.2%,粗脂肪含量 52.4%,油酸含量 42.9%,亚油酸含量 36.7%,油酸/亚油酸比值为 1.17。

(3)产量表现 2005 年、2006 年在山东省小粒组区域试验中,平均每 667 米² 产花生荚果 311.38 千克、产籽仁 233.45 千克,分别比对照鲁花 12 号增产 12.9%和 15.8%。2007 年参加生产试验,平均每 667 米² 产花生荚果 288.1 千克、产籽仁 207.8 千克,分别比对照鲁花 12 号增产 26.4%和 26.7%。

(4)适宜种植地区及栽培要点 适宜小花生产区种植。春播 1 万～1.1 万穴/667 米²,每穴 2 粒。加强田间管理,防旱排涝,种子休眠性弱,成熟后及时收获,防止田间发芽。

13. 丰花 4 号

(1)品种来源 由山东农业大学花生研究所培育,2003 年通过山东省农作物品种审定委员会审定。

(2)特征特性 属珍珠豆型小花生,春播生育期 124 天左右。疏枝型,单株分枝 8 条左右,结果枝 7 条左右,平均主茎高 36.7 厘米,侧枝长 41.4 厘米,株型直立紧凑。叶片椭圆形,叶型中大,叶色浅绿。荚果蚕茧型,果壳网纹明显,网纹细,果腰中粗,果嘴明显。中果,百果重 175.8 克。籽仁圆形,种皮粉红色,有光泽,表面光滑,无油斑、无裂纹。内种皮浅黄色,种皮薄。种植休眠期中长。籽仁中粒,百仁重 71.5 克,出仁率 73.2%。结果集中,单株结果数 14.3 个,双仁果率 90%以上。抗叶斑病和锈病,落叶晚。耐重茬性能好。抗旱性强、耐瘠、耐涝。

(3)产量表现 2000 年、2001 年在山东省区域试验中,平均比对照鲁花 12 号增产籽仁 14.49%。2002年在山东省生产试验中,平均比对照鲁花 12 号增产籽仁 12.91%。荚果充实性好,饱果率 90%以上。高产的每 667 米^2 产花生荚果达 500 千克以上。

(4)适宜种植地区及栽培要点 适宜黄淮海地区及南方和东北地区高肥地、丘陵旱地、瘠薄地。春播、夏直播、麦田套种均可。适宜密度 0.9 万~1 万穴/667 米^2,每穴 2 粒。施肥以磷肥为主,辅以氮肥。后期注意防治叶斑病。

14. 青兰 2 号

(1)品种来源 青兰 2 号是山东省花生研究所新育成的小花生品种,不仅高产,而且还具有美国小花生"兰娜"的优良品质。

(2)特征特性 春播生育期 130 天左右。株型直立,疏枝型,平均株高 40~45 厘米,单株结果 25 个以上,单株生产力 26 克以上。荚果蚕茧形,双仁果率高,籽仁桃形。种皮浅红色。结果集中,百果重 150克左右,百仁重 60 克左右,出仁率 78%。2001 年农业部食品质量监督检验测试中心(济南市)的检验:蛋白质含量 23.6%,脂肪含量 48.73%,油酸/亚油酸比值 1.214,与对照鲁花 12 号比,维生素 E、维生素 C 及微量元素硒的含量丰富,具有很高的营养价值。符合出口要求的"兰娜"型小花生品种。

(3)产量表现 产量高,增产潜力大。经试验籽仁产量比白沙 1016 增产 35.5%,生产示范一般每 667 米² 产花生荚果 350 千克以上。抗病,耐旱、耐涝。

(4)适宜种植的地区及栽培要点 适合我国北方花生产区,尤其是小花生产区种植。选择中等以上肥力的沙壤土,每 667 米² 种植 1.2 万穴,每穴 2 粒。田间管理同当地的花生。

七、花生主要病虫害防治技术

地膜覆盖栽培所发生的病虫害与露地栽培所发生的病虫害基本一致,现将主要的病虫害及防治技术介绍如下。

(一)花生病害及防治技术

1. 花生锈病

(1)危害形式 花生锈病是我国南方花生产区普遍发生,危害较重的病害。近年来,北方花生产区也有扩展蔓延的趋势。花生锈病主要危害叶片,到后期病情严重时也危害叶柄、茎枝、果柄和果壳。一般自花期开始危害,先从植株底部叶片发生,后顶叶,使叶色变黄。

(2)危害症状 发病初期,首先叶片背面出现针尖大小的白斑,同时相应的叶片正面出现黄色小点,以后浅黄色并逐渐扩大,呈黄褐色隆起,表皮破裂后,用手摸可粘满铁锈色末。严重时,整个叶片变黄枯干,全株呈烧灼状。不仅严重降低产量,而且也影响品质。据测定,花期生病减产50%左右,下针期发病减产 40％左右,结荚初中期发病减产 30％左右,结荚末期发病减产 20％左右,荚果成熟初中期发病减产 10％～15％。在菌源丰富的情况下,温度、湿度(降雨和雾露)是花生锈病流行的决定因素。花生锈病以风和雨水传播,一般夏季雨量多,空气相对湿度大,日照少,锈斑往往比较严重。

(3)防治技术 根据各地生产实践,春花生适当早播,特别是采用地膜覆盖种植的春花生,收获期可比露地种植的花生提前 10～20 天,可以缩短中后期的发病时间,从而减轻发病程度或抑制发生。其次是要加强田间管理,增施有机肥和磷、钾肥,搞好氮、磷、钾肥合理搭配;做好排涝工作,确保雨过田干,培育壮苗能力;推广高垄双行,大、小行种植,改善花生田通风透光条件。在田间病株率达到 10％～20％时,日平均气温下降至 25℃～26℃时进行防治。可选用 50％的胶体硫 150 倍液;或敌磺钠可溶性粉剂 600～800 倍液,或 75％百菌清可湿性粉剂 500～600 倍液或 1∶2∶200(硫酸铜∶生石灰∶水)波尔多液,或 25％三唑酮可湿性粉剂 500～600 倍液,10～15 天左右喷 1 次,每次每 667 米^2 喷药剂 60 千克。敌磺钠不宜连续使用,应与其他药剂交替使用。

2. 花生网斑病

(1)危害形式 花生网斑病又称云纹斑病或网纹污斑病。20 世纪 40 年代中期在美国首先发现,70 年代末,我国辽宁省首次报道了该病的发生危害情况。进入20世纪80年代,我国北方生产区发病较为普遍,且危害较重,并逐步由北向南扩展蔓延起来,一般年份减产20%左右,严重者减产40%以上。该病从花生开花到收获均可发生,但发病盛期主要是生长后期。

(2)危害症状 主要危害叶片,其次危害叶柄和托叶。田间自然发病一般先从植株底部叶片开始,初期症状是叶片正面出现针头大小的浅黄褐色的小点,逐渐变为浅黄褐色的星芒状小病斑,进而扩展成网纹状,边缘灰绿色。随着病斑的逐渐扩大,最后形成圆形、椭圆形或不规则的褐色至栗褐色大斑,病斑边缘绿浅褐色,界限不明显,导致叶片过早脱落。叶片背面初期无症状,后期呈现边缘不清晰的浅褐色病斑(图6-1)。

我国中原地带的发病为6月上旬,华北一带为6月中旬,东北一带为6月下旬至7月上旬。始发期发病轻,且不明显,遇高温天气病害受到明显抑制。到7月下旬至8月上旬气温下降,花生进入成熟期,8月中旬至9月上旬达发病高发期。

(3)防治技术 防治花生网斑病除采用抗病品种外,一是采用农业防治和药物防治。农业防治主要采用合理轮作,深翻土地。花生收获后及时深翻,将病叶残体翻入深土层中,可减少病源,减轻发病程度。

图 6-1 花生网斑病症状

二是清除田间的病叶残体,即在花生收获后将田间的病叶及时清除,集中销毁,能有效控制下一年发病程度。采用地膜覆盖,提早成熟,提前收获,有明显的避病作用。三是做到排水通畅,雨过田干,合理施肥。

药物防治适期是在 7 月中下旬至 8 月的上中旬,气温在 25℃～26℃、在田间病株率达到 5% 以上时,采用 2% 嘧啶核苷类抗菌素水剂(每 667 米² 0.25 千克)200 倍液,每次每 667 米² 用药液 75 千克,间隔 10～15 天喷 1 次。也可用 80% 代森锰锌可湿性粉剂(每 667 米² 用药 75 克),30% 双苯三唑醇(百科)乳油 600 倍液(每 667 米^2 用药 40～50 毫克),40％甲基硫菌灵胶悬剂 800 倍液(每 667 米^2 用药 50 毫升)。

3. 花生病毒病

(1)危害形式 发病规律,除芽枯病主要由蓟马传播外,其他病害如轻斑驳病、黄花叶病、普通花叶病则通过种子和蚜虫传播,种害流行是主要侵染源。种传率的高低主要受发病时期的影响,发病早,种传率高。种子带毒率与种子大小有关,大粒种子带毒率低,小粒种子带毒率高。在存在毒源和感病品种的情况下,蚜虫发生早晚和数量是病毒病流行的主要传播媒介,蚜虫主要是田间活动的有翅蚜。

(2)危害症状 一般花生苗期蚜虫发生早,数量大,易引起病害亚种流行,反之则发病轻、少。气候温和、干燥,易导致蚜虫大发生,造成病害流行,大部分是全株性的,而花生斑驳病毒病是局部性的。病株的症状主要表现在叶片上,其次是果仁上。叶肉的色泽深浅不均,叶片上出现黄绿与深绿镶嵌的斑驳。病株的荚果大多变小,结果少,种皮上出现紫斑,部分果仁变成紫褐色。植株发病率达到 50％时减产 20％左右;植株发病率达 80％～100％,减产达 30％～40％。

(3)防治技术 主要有:一是采用无毒或低毒种子,杜绝或减少初侵染源。无毒种子可采取隔离繁殖的方法获得。选用豫花 15 号、豫花 7 号等感病轻和种传率低的品种,并且选择大粒籽仁作种子。二是推广地膜覆盖技术。地膜覆盖花生不但可以提高地温保水保肥,疏松土壤,改良土壤环境,而且可以驱避蚜虫,减少传毒是防病增产的主要措施。三是及时清除田间和周围杂草,减少蚜虫寄生来源。四是搞好病原检疫,禁止从病区调种。播种时采用3%的克百威颗粒剂盖种,每667米²用药量为2.5～3千克,也可用5%辛硫磷颗粒剂盖种。花生出苗后,要及时检查,发现蚜虫及时使用40%乐果乳油800倍液喷洒,以杜绝蚜虫传毒。也可用2.5%氯氟氰菊酯乳油4 000倍液喷雾防治。

4. 花生青枯病

(1)危害形式 花生青枯病在我国分布范围较广,从南方到北方几乎都有发生。病区青枯病发病率一般为10%～20%,严重地块高达50%以上,甚至绝收。植株在结果前发病的损失达100%,在结果后发病的损失达60%～70%,收获前发病的损失较小。

花生青枯病在花生整个生育期都可能发生,但病原高峰期在开花至结荚初期,此期发病率占整个生育期的70%～90%。发病时间随着气温的升高而提前,从出苗后就开始发病。

(2)危害症状 花生一般在初花期最易感染青枯病。病株初始时,主茎顶梢第一、第二片叶片先失水萎蔫,早晨延迟开叶。1～2天后,病株全株或一侧叶片从上至下急剧凋萎,色暗淡,呈青污绿色,后期病叶变褐枯焦。病株一端、果柄、果荚呈黑褐色湿腐状,根瘤墨绿色。病茎纵剖维管束呈黑褐色,横切病部湿下用手稍加挤压可见白色的菌脓流出(图6-2)。

图6-2　花生青枯病症状

病菌随带菌土壤、病株残体、带菌杂草,以及带菌土杂肥和粪肥,借雨水、灌溉水、农具、昆虫等媒介在土壤中可存活14个月至8年。病菌从植株根部伤口及自然伤口侵入,在维管束内繁殖,分泌毒素,造成导管堵塞,而后病菌进入皮层与髓部薄壁组织的细胞间隙,使之崩解腐烂,再次散出,重复侵染。

(3)防治技术

①农业防治

第一,选用高产抗病品种。实践证明,选用抗病品种是防治青枯病的最有效的办法。通过种植抗病品种,可逐步控制病害的发生。

第二，合理轮作。合理轮作换茬播种是防病增产的一项重要措施。有水源地方，实行水旱轮作，防效较好。旱地可与瓜类，禾本科作物茬口连作，避免与茄科、豆科、芝麻等作物连作。旱地花生，播种前进行短期灌水，可使病菌大量死亡。采用高畦栽培，密植，防止田间郁闭与大水漫灌。注意排水防涝，防止田间积水与水流传播病害。

第三，采用配方施肥技术。施足基肥，增施磷、钾肥，适施氮肥，促进花生稳长早发。对酸性土壤可施用石灰，减轻病害发生。田间发现病株，应立即拔出，带出田间深埋，并用石灰消毒。花生收获时及时清除病株。

②药剂防治　播前采用 32％克菌丹可湿性粉剂 1 000 倍液浸种 8～12 小时，进行消毒灭菌；在发病初期可喷施农用链霉素或 90％链霉素·土，或 32％克菌丹可湿性粉剂 1 500～2 000 倍液，隔 7～10 天喷 1 次，连喷 3～4 次防治。另外，可在初花期间喷施叶面肥，促进根系有益微生物活动，对抑制病菌的发展也会起一定作用。

5. 花生根结线虫病

花生根结线虫病又称花生线虫病，根瘤线虫病，地黄病。花生根结线虫病在我国各大花生主产区均有发生。受害花生一般减产 20％～30％，重者达 70％～80％，甚至绝收。

(1)危害形式 花生根结线虫病对花生的入土部分(根、荚果、果柄)均能侵入危害。花生播种后,当胚根突破种皮向土壤深处生长时,侵染期幼虫能从根端侵入,使根端逐渐形成纺锤形或不规则形的根结,初呈乳白色,后变浅黄色至深黄色,随后从这些根结上长出许多幼嫩的细毛根。这些毛根以及所长的侧根尖端再次被线虫侵染,又形成新的根结。这样,经过多次反复的侵染,使整个根系形成了乱发的须根团,根系粘满了土粒和沙粒,难以抖落。

(2)危害症状 荚壳上的虫瘿呈褐色疮痂状的凸起,幼果上的虫瘿乳白色略带透明状,根茎部及果柄上的虫瘿往往形成葡萄状的虫穗簇。

根结线虫主要侵害根系,根系被侵害后,根的输导组织受到破坏,影响到水分的正常吸收运转,致使植株的叶片黄化瘦小,叶缘焦灼,直至盛花期萎黄不长。到7~8月份伏雨来临时,病株又由黄色转绿色,稍有生机,但与健康株相比,仍较矮小,长势弱,田间经常出现一簇簇、一片片病窝。

(3)防治技术

①选种抗病品种 可选种豫花7号、鲁花11号等抗病性能较强的品种。播种前进行粒选,剔除霉烂种子和瘪种子。

②合理轮作 一般轻病田可隔年轮作,重病田隔3年轮作,可用小麦、玉米等作物调茬。

③种子处理　用 50％多菌灵可湿性粉剂按种子量的 0.25％～0.5％拌种,或用 50％多菌灵可湿性粉剂 100～200 倍液浸种 24 小时。

④药物防治　发病初期,用 50％多菌灵可湿性粉剂 600 倍液加乙蒜素 2 000 倍混合液喷洒,隔 5～6 天喷 1 次,连喷 2～3 次。

⑤增施有机肥　苗期追施草木灰,发现病株及时拔除,并将其带出田外焚烧后深埋。

6. 花生茎腐病

(1)危害形式　2003 年山东省花生茎腐病发生严重,发病面积达 80％左右,一般发病率在 60％～70％,严重发病菌块高达 80％～90％,并使整株枯死。

(2)危害症状　茎腐病多在花生生长中后期发病,危害花生的子叶、根和茎。成株发病多在近地面茎基部第一对侧枝处。初为黄褐色水渍状病斑,并向四周扩展包围茎基部,变成黑褐色腐烂,使地上部萎缩枯死,潮湿时病部密生黑色小粒(分生孢子器烂,或种仁不饱满)。

花生茎腐病又叫花生倒秧病,花生枯萎病。在我国中原一带发生较重,其他地区也时有发生。一般病区死苗在 10％左右,重病区死苗在 20％～30％,严重地块死苗高达 80％以上,是花生区的毁灭性病害。

(3)防治技术

①农业防治　选用无病的种子和抗病品种。若

自留种一定要选没有发过病的地块留种。去外地调种要选那些没发过病的地区调种。

②轮作换茬　轻病地块可与非寄主作物轮作1～2年,发病重的要隔3年以上。可与禾谷类作物轮作。此外,做好田间开沟排水,勿用混有病残株的土杂肥,增施磷、钾肥。

③药剂防治　拌种用25％多菌灵可湿性粉剂,可先将50千克花生种仁在清水内浸湿一下捞出,然后撒拌25％多菌灵粉剂200克,拌种后水分吸干即可播种,防治效果显著。在发病初期,选用50％多菌灵可湿性粉剂或65％代森锌可湿性粉剂500倍液或70％甲基硫菌灵可湿性粉剂800倍液喷雾,间隔7天喷1次,连喷2～3次,上述药剂还可兼治花生叶斑病。

(二)花生虫害及防治技术

花生的主要害虫是蚜虫、蛴螬和金针虫等。地上害虫是蚜虫,地下害虫是蛴螬和金针虫。以上3种害虫、对于花生的生长构成了严重的为害。

1. 蚜　虫

蚜虫(北方俗称腻虫)不仅吸食花生汁液,而且也是传播病毒的主要媒介。蚜虫主要为害花生的茎叶花,严重的会使花生的茎、叶、花变黑造成落花、落叶,植株发育停滞,甚至枯死(图6-3)。

图6-3 蚜虫

(1)**蚜虫的形态及种类** 一是有翅胎生蚜。这种蚜虫是墨绿色,有光泽,复眼黑褐色,眼瘤发达。触角6节,橙黄色,第五节末及第六节呈暗褐色,第三节较长,上有感觉圈4～7个,排列成行。有前、后翅各2枚,翅茎,翅痣和翅脉均为橙黄色。二是无翅胎生蚜。成虫体胖,呈黑色或紫黑色,有光泽。腹部各节背骨化较强,体节不明显,第一单节和第六腹节各有1块黑色斑,体壁较薄,具有均匀的蜡粉。触角9节,第三节无感觉圈,其他特征与有翅蚜相似。三是若蚜。个体小,紫灰色,体节明显。

(2)**蚜虫的生活习性** 如气候环境适中,花生蚜虫1年可发生20～30代。发生1代最短的时间为4天,最长为17天。主要以无翅胎生雌蚜和若蚜在背风向阳的山坡、沟边、路旁的荠菜等十字花科和豆科杂菜或冬豌豆上越冬,有少量以卵越冬。翌年3月上中旬在越冬寄主上繁殖,4月中下旬当地温回升到14℃时,产生大量的有翅蚜,先后向麦田、荠菜或槐杨树嫩梢等寄主植物上迁飞,形成了第一次迁飞高峰。5月中下旬,待花生出土后,田间的荠菜等寄主植物陆续老熟枯萎,又产生了大量的有翅蚜,向花生田迁飞,形成了第二次迁飞高峰,而造成6月上中旬始花期的花生田蚜虫成片为害。进入6月中下旬,由于气温升高及天气干燥,有利于蚜虫繁殖,再次产生大量的有翅蚜在花生田内外蔓延,形成了第三次迁飞高峰。这一时期,是蚜虫对花生为害最严重的时期,也是花生病毒病发生的高峰期。到了7~8月份雨季来临,湿度大,天敌多,蚜虫的密度锐减,加上天气过于炎热,部分蚜虫开始向阴凉处转移。

(3)为害症状 花生蚜是多食性害虫,花生产区都有分布,是花生的重要害虫。花生出苗后,花生蚜集中在子叶下的嫩芽、嫩头及靠近地面的叶片背面,除吸食为害,还传播花生病毒。始花后,蚜虫多聚集在花萼管和果针上进行为害,使花生植株矮小,叶片卷缩,影响开花、下针和正常结实。严重时蚜虫排出大量蜜汁,引起霉菌寄生,使茎叶变黑,农民俗称"起腻",能致全株枯死。开花下针期和结荚期,花生蚜主要为害果针,使果针不能入土或入土果针不能成果或果少,一般地块减产20%~30%,严重地块减产50%~

60%,甚至颗粒无收。

(4)防治技术

①喷洒杀虫剂灭虫　在花生播种时,在覆土前向种子上撒施 3％辛硫磷或 3％毒死蜱颗粒剂,每 667 米² 用 2.5～3 千克。花生种吸收了这些内吸杀虫剂,出苗后蚜虫迁飞为害时,即可致死。药剂的持效期可达 60 多天,还可兼治蛴螬、金针虫等害虫。

②开花前喷施药液灭虫　未施盖种农药的花生幼苗,要喷施杀虫药液灭虫,每 667 米² 喷 30～40 升。用 40％乐果乳油 1 000 倍液,或 50％辛硫磷乳油 1 500～2 000 倍液,或 50％马拉硫磷乳油 1 000 倍液,或 25％亚胺硫磷乳油 1 000 倍液。喷药时要喷到叶片的背面,并注意喷匀。

③用 40％乐果乳油　每 0.05 千克,对水 0.5 升,拌 15 千克沙土,配成毒土,每 667 米² 均匀撒施 15 千克。

④用 1.5％乐果粉　每 667 米² 1.5～2 克或 50％抗蚜威水分散粒剂每 667 米² 用 7～10 克,对水 30 升喷洒。

2. 蛴　螬

蛴螬,俗名"金龟甲"、"地漏子",是花生的主要地下害虫之一,它常栖息在地下活动,直接为害花生的根部和果实,它隐蔽性强,防治困难(图 6-4)。

(1)蛴螬的发育及特征　蛴螬是完全变态的昆虫,它一共要经过卵、幼虫、蛹、成虫 4 个不同的发育

图 6-4　蛴　螬

阶段。

①卵　卵产于土中,初产为椭圆形,乳白色,孵化前膨大成圆球形,能见到 2 个褐色上颚。

②幼虫(即蛴螬)　整体肥胖,通常弯曲成"C"形,白色至乳黄色,皮肤柔软多皱纹,并生有细毛,头大而圆,黄褐色或棕褐色,口器发达。有 3 对胸足,腹部由10 节组成。

③蛹　蛹为裸蛹,多为黄色或褐色。它的 3 对胸足和前、后翅依次贴附在身体腹面,能自由活动,羽化前复眼变为黑色。

④成虫　成虫(即金龟甲)身体多呈椭圆形。不

同种的色泽、大小差别很大。它有 1 对坚硬角质化前翅,后翅膜质,藏在前翅下,供飞翔用,少数种类后翅退化。触角末端鼓起呈叶片状,这是金龟甲的特征。

(2)金龟甲的种类及生活习性

①大黑金龟甲 该害虫主要生活在我国的北方大部分地区,以华北、东北居多。该昆虫是 2 年发生 1 代,以成虫和幼虫隔年交替越冬。在东北地区 5 月上中旬开始出现,从 5 月下旬至 6 月中下旬为发生盛期,7 月下旬至 8 月中旬为末期。每晚 8~9 时为其出土为害盛期。喜在花生作物上取食交尾。越冬幼虫在 10 月上中旬下移,翌年 4 月下旬上移为害,6 月上中旬下移化蛹。6 月中下旬开始羽化为成虫,当年不出土,原处越冬。

②暗黑金龟甲 这种昆虫,在东北地区是 2 年发生 1 代,在河南、山东等地 1 年发生 1 代。以老熟幼虫越冬,翌年 6 月上旬出现成虫,6 月下旬至 7 月中旬为出土盛期,高峰期在 7 月上旬,8 月上旬为末期。每晚 7 时出土活动,8 时为盛期,出土后飞到高粱、玉米及矮小灌木上交尾。交尾后飞到榆、杨、槐树上取食,至黎明再飞回树墩、地堰根暗土内潜伏。交尾后的雌虫飞往花生地产卵。有隔日出土、趋光、假死和趋高、集中取食等习性。

③铜绿金甲虫 该昆虫为 1 年繁殖 1 代,以二至三龄幼虫越冬。越冬幼虫于 4 月中下旬上移活动为

害,5月下旬开始化蛹,5月下旬至6月上旬开始羽化为成虫,6月下旬至7月中旬为盛期,8月中旬为末期。每天黄昏出土,闷热无风天气活动最盛,黎明前潜伏。7~8月份为一至二龄幼虫,8月下旬至9月上旬为三龄幼虫,10月下旬下移越冬。

④黑皱金龟甲 该昆虫是2年发生1代,以成虫或二至三龄幼虫隔年交替越冬。越冬成虫于4月上旬开始出土,发生盛期为4月中旬至6月中旬,7月下旬为末期。成虫白天活动,上午7时前后出土,下午6时左右入土。该昆虫出土后大量取食,食性很杂。4月下旬为产卵初期,5月中旬至6月中旬是产卵盛期,7月上旬为末期。幼虫孵化后即能为害花生,至10月下旬开始下移越冬,翌年4月上中旬上移为害农作物,6月中旬至7月下旬下移化蛹,7月中旬至8月上旬羽化为成虫,在原处越冬。

(3)为害症状 它为害作物的幼苗时,先将幼苗的嫩叶和生长点吃掉,使幼苗失去生长能力而枯死。结荚饱果期幼虫啃食根果,造成花生大片死亡和荚果空壳,大大降低花生产量。据观察,1头三龄暗黑金龟甲蛴螬能取食8~10个幼果,1头三龄云斑幼虫能咬死12株花生幼苗,一般减产15%~20%,严重的减产50%~80%。它不仅为害期长,而且严重。为害严重时,可将幼苗全部吃光。在春旱严重的年份,它的为害就更重,常常造成缺苗断垄甚至毁种。

(4) 防治技术

①农业防治　花生良好的前茬作物是玉米、小麦、谷子等禾本科作物秋季深耕，将害虫翻到地面，使其暴晒或鸟雀啄食，减少虫源。

②药剂防治　播种前用种衣剂拌种。此方法能有效防治鼠害。播种前整地时，每公顷用3％甲拌磷颗粒剂22.5～30千克均匀撒在田面上。浅翻土，或将克百威、甲拌磷颗粒剂播于种沟内，之后播种。也可将杀虫剂拌在有机肥内作基肥使用。6月下旬在金龟子孵化盛期和幼龄期每公顷用辛硫磷颗粒剂35～45千克加细土250～300千克撒于花生根部，浅锄入土。也可用5％辛硫磷颗粒剂或90％敌百虫晶体1 000倍液罐根。

③成虫的防治　在成虫（金龟甲）发生盛期尚未产卵前，进行药剂喷杀及人为扑杀效果显著。可用40％乐果乳剂1 000倍液，或用50％马拉硫磷或40％水胺硫磷或50％辛硫磷乳油，或90％敌百虫晶体等1 000倍液进行田间喷雾，都有很好的防治效果。

④幼虫的防治　在播种期，主要是防治春季上移为害的越冬幼虫，如大黑、棕色、黑皱、毛棕、云斑、铜绿等幼虫。一是毒土法。用5％辛硫磷颗粒剂或5％的异丙磷颗粒剂，每667米² 2.5～3千克加细土15～20千克，充分拌匀后，撒入播种穴内；二是盖种法。花生开沟播种时，每667米²用3％辛硫磷2.5～3千

克撒盖在种子上,然后覆土,可兼治蚜虫和金针虫;三是拌种法。用25%七氯乳剂0.5千克对水12.5～15升,拌100～200千克花生种子;或用50%辛硫磷乳剂50毫升拌种50千克。

3. 金针虫

为害花生的金针虫,主要是沟金针虫和细胸金针虫2种。

(1)金针虫的形态特征

①成虫　沟金针虫成栗色、无光泽,全身密生金黄色细毛,前胸板宽大于长,中央有细微的纵沟,体长14～18毫米,体宽3.5～5毫米。细胸金针虫呈黄褐色,有光泽,全身密生灰色短毛,前胸板长大于宽,体长8～9毫米,宽2.5毫米。鞘翅上有9条纵列的刻尖。

②幼虫　沟金针虫的幼虫体形宽而扁,每节宽大于长,体长20～30毫米,体宽4～5毫米,胸腹背面有一纵沟,体黄褐色,尾节深褐色,末端两分叉,圆筒形,长33毫米,体浅黄色,尾节圆锥形,背面近前缘两侧,各有褐色圆斑1个,并有4条褐色纵纹。

(2)生活习性和适应条件　沟金针虫3年完成1代,以成虫和各龄幼虫越冬。成虫寿命可达220天,有假死性。虫卵产于土壤的3厘米深处,经1个月左右孵化为幼虫。幼虫期特别长,达2.5年以上。该虫在每年10月下旬潜入土壤深处越冬,翌年3月中旬地温回升到 6℃～7℃时开始活动,4 月上旬当地温回升到 15.1℃～16.6℃时,为害最严重(主要为害花生幼苗),5 月上旬当地温达到 19.1℃～23.3℃时开始向 13～17 厘米土层深处栖息,6 月间 10 厘米地温稳定在 28℃时迁移到深土层越夏,9 月下旬和 10 月上旬地温下降到 18℃时又爬到表层为害花生荚果。细胸金针虫性喜低温,当地温在 7℃～11℃时活动最严重,地温超过 17℃则向土壤深处移动。湿度大的土壤有利于幼虫生长发育,所以夜潮土发生虫害较重。

(3)为害症状 沟金针虫多发生在旱坡地,有机质少,而土质比较疏松的沙壤土地里。细胸金针虫多发生在沿河淤土地,低洼地及有机质较多的土壤。它们对花生的为害方式主要是取食花生胚根、幼果和荚果,造成缺苗、烂果而导致减产。该昆虫在我国的分布比较广泛,在华北、东北、西北、长江沿岸地区均有发生。

(4)防治技术 参照蛴螬的防治方法。

4. 蝼 蛄

为害花生的害虫蝼蛄,在全国各地均有分布,主要是以非洲蝼蛄和华北蝼蛄为主,在北方地区发生危害的以华北蝼蛄较多。

(1)形态特征 非洲蝼蛄成虫体长 30～35 毫米,灰褐色,腹部颜色较浅,全身密布细毛。头圆锥形,触角丝状,前胸部背板卵圆形,中间具有一明显的暗红色长心形凹陷斑。前翅灰褐色,较短,仅达腹中部。后翅扇形较长,超过腹部末端。腹末端有 1 对尾须。华北蝼蛄体长 42～54 毫米,黄褐色,前胸背板心形凹陷不明显,后足胫节背面内侧仅 1 个距或消失。

(2) **生活习性和适应条件** 蝼蛄在北方地区 2 年发生 1 代,在南方 1 年 1 代,次成虫或幼虫在地下越冬。清明后上升到地表活动,活动时可发现在它活动的地方顶起 1 个小的土堆。5 月上旬至 6 月中旬是蝼蛄活动最活跃的时期,也是第一次为害高峰期。6 月下旬至 8 月下旬,天气炎热,蝼蛄开始转入地下活动。6～7 月份为产卵盛期,9 月份气温下降,再次上升到地表,形成第二次为害高峰。10 月中旬以后,陆续钻入深层土中越冬。蝼蛄昼伏夜出,以夜间 9～10 时活动最盛。特别在湿度大、气温高、空气闷热的夜间,大量出土活动。在早春或晚秋因气候凉爽,仅在表土层活动,不到地面上活动,在炎热的中午常潜伏至深土层。蝼蛄具有趋光性,并对香甜物质以及马粪等有机肥具有强烈的趋向性。蝼蛄的成虫,若虫均喜松软潮湿的壤土或沙壤土。20 厘米表土层含水量 20％以上最适宜,小于 15％活动减弱。当气温在 12.5℃～19.8℃、20 厘米表土温度为 15.2℃～19.9℃时,对蝼蛄最适宜,温度过高或过低蝼蛄则潜入深土层中。

(3)为害症状　该害虫为害及寄主作物广泛。成虫、老虫均在土中活动,取食播下的种子、幼芽或将幼苗咬断至死。受害的根部成乱麻状。由于蝼蛄的活动将表土层窜成许多隧道,使苗根脱离土壤,致使幼苗因失水而枯死。严重时造成缺苗断垄。

(4)防治技术　蝼蛄的防治,主要看蝼蛄发生的测报结果进行防治。一般以每平方米查出有 0.3 头为轻发生,每平方米查出 0.3～0.5 头为中等发生。每平方米查出 0.5 头以上的蝼蛄为严重发生,具体做法是:先将饵料秕谷、麦麸、豆饼、棉籽或破碎的花生 5 千克炒香,而后用 90％敌百虫晶体 30 倍液 0.15 千克拌匀,适量加水,拌潮湿则可,每 667 米^2 施用 1.5～2.5 千克。在无风闷热的傍晚,撒施在地表杀伤效果最佳。用 40％乐果乳油 10 倍液或其他杀虫剂拌制饵料,也可起到杀虫效果。

5. 地老虎

地老虎分小地老虎、大地老虎和黄地老虎 3 种。

(1)形态特征　小地老虎成虫体长 16～23 毫米,翅展 42～54 毫米,深褐色,前翅由内横线外横线将全翅分为 3 段,具有显著的肾状斑,环形纹、棒状纹和 2 个黑色剑状纹,后翅灰色无斑纹。卵长 0.5 毫米,半球形,表面具有纵横隆纹,初产时呈乳白色,后出现红色斑状,孵化前转为灰黑色。幼虫体长 37～47 毫米,灰黑色,体表布满大小不等的颗粒,臀板黄褐色,具有

2条深褐色纵带。蛹长18～23毫米,赤褐色,有光泽,第五至第七腹节背面的刻点比侧面的刻点大,臀棘为短刺1对。大地老虎成虫体长20～25毫米,褐色,前缘近翅莛2/3处呈黑褐色。幼虫体长41～60毫米,体表多皱纹,颗粒不明显,臀板全部深褐色。黄地老虎成虫体长14～19毫米,黄褐色或灰褐色,前翅横纹不明显,肾形斑,环形纹和棒状纹明显,并镶有黑褐色,翅面散布褐色小点,末龄幼虫体长33～42毫米,体表颗粒不明显,臀板为2块黄褐色斑。

(2)生态习性和适应条件 小地老虎年发生代数由北向南各不相同,东北地区年发生量达2代,华北地区达3～4代,长江以南达5～6代。据推测,春季虫源北方系迁飞而来。在长江流域以老熟幼虫、蛹及成虫越冬。在我国的南方则全年繁殖为害,无越冬现象。成虫夜间活动,交尾产卵,卵产在5厘米以下矮小杂草上,尤其是在贴近地面的叶背部或嫩芽上。如小旋花,小藜和猪毛菜等。卵散产或成堆产,每头雌虫平均产卵800～1 000粒。幼虫共6龄,二龄在地面、杂草或寄主幼嫩部位取食,为害不大,三龄后白天潜伏在表土中,夜间出来为害,动作敏捷,性情残暴,有时因争食而自相残杀。老熟幼虫有假死性,受惊会缩成环形。幼虫发育经历的时期,气温在15℃时,幼虫成熟需经历67天;20℃时经历32天,30℃时需经历18天。蛹发育需经历12～18天,越冬蛹长达150

天。小地老虎喜欢温暖又潮湿的生活条件,最适的发育温度为 13℃～25℃。在雨水充足及长年有灌溉条件的地区土质疏松,团粒结构好,保水性强的壤土,沙壤土均适于小地老虎的发生。尤其是早春菜田及周边杂草多时,可为其提供产卵场所,在蜜源植物多,可为成虫提供补充营养的情况下,将会形成较大的虫源。大地老虎每年发生 1 代,以幼虫越冬,第二代 4～5 月份与小地老虎同时发生为害。

(3)为害症状 该害虫在我国各地均有分布。地老虎在为害花生时,先将幼苗贴近地面的茎部咬断,使整株死亡,造成缺苗断垄,严重时甚至造成毁灭性灾害。

(4)防治技术 对地老虎的防治主要采取 3 种办法,即农业防治、诱杀防治和化学防治。

①采用农业防治办法 是在早春清除田间及周边杂草,防止地老虎成虫产卵是关键一环。如已产卵,并发现了一至二龄幼虫,则应先喷药后除草,以免个别幼虫入土隐蔽。清除的杂草要远离地块,沤肥处理。

②采用诱杀防治的办法 一是采用黑光灯诱杀成虫;二是采用糖醋液来诱杀成虫;具体做法是:糖 6份,醋 3 份,白酒 1 份,水 10 份,90%敌百虫晶体 1 份调匀,在成虫发生期放置,具有良好的诱杀效果;三是利用毒饵诱杀幼虫(参照蝼蛄);四是采用堆草诱杀幼虫。在出苗前,地老虎仅以田间杂草为食,因此可选

择地老虎爱吃的灰菜、刺菜、苜蓿、艾蒿等杂草堆放诱集地老虎幼虫，或人工捕捉，或药剂扑杀。

③采用化学防治方法　地老虎是在1～3龄幼虫期抗药性差，且暴露在寄主植物或地面上，是药剂防治的最佳时期。可采用20%氰戊菊酯乳油3 000倍液，或20%菊·马乳油3 000倍液，或90%敌百虫晶体800倍液，或50%辛硫磷乳油800倍液，及时喷药防治。

6. 蒙古灰象甲

蒙古灰象甲主要在华北和东北的花生栽培区域，为害花生、大豆、甜菜、瓜类、向日葵、棉花、果林苗木等。

(1)形态特征　蒙古灰象甲成虫体长6～7毫米，底色深黑，密被黄褐色茸毛，杂灰褐色毛块，头管短，表面有一纵沟，雌虫前胸背板短宽，雄虫前胸背板窄大，两侧边弧圆，前足胫节内侧有1列粗齿，雄虫翅末端钝圆锥形，后翅因退化而不能飞翔。卵椭圆形，长0.8毫米，初产乳白色，后变黑褐色。幼虫长6～9毫米，乳白色，头部黄色，内唇前缘有4对齿突，中央有3对小齿突，后方有1个五角形褐斑。蛹长5～6毫米，乳白色。

(2)生态习性和适应条件　蒙古灰象甲在东北2年发生1代，以成虫及幼虫在土壤中越冬。4月中旬平均气温达10℃时，成虫开始出土活动，气温达20℃左右为交尾盛期。该害虫常群集在苗眼中取食，吃光一丛苗再爬行迁移,有假死性。土壤湿度过大,不利于蒙古灰象甲活动。5月上旬产卵在表土中,每头雌虫能产卵 200 余粒,卵的抗逆性强。幼虫在 5 月下旬孵化,取食根系和腐殖质,9 月末在 30～60 厘米土下做土室休眠,越冬后继续取食,6 月中旬化蛹,7 月上旬羽化,少数孵化晚的幼虫可再度越冬。新羽化的成虫不出土,在原处越冬,第三年才出土。

(3)为害症状 成虫嗜食刚出芽的种子和幼苗,为害严重时,可全部吃光。主要是取食叶片,形成缺刻或孔洞,危害严重时仅剩叶脉。

(4)防治技术 蒙古灰象甲的防治办法:一是避免寄主作物连作或与虫口多的地块相邻;二是播前药剂拌种;三是采取先进的措施,如地膜覆盖,促进整齐出苗,防止出苗时陆续被害;四是采用田间浇水,使耕作层保持土壤湿润,控制成虫活动;五是采用药剂防治,即在成虫发生初期,用 80％敌敌畏乳剂 1 000 倍液喷雾防治。

(三)花生的主要草害种类

1. 狗尾草

俗称"谷莠子",属禾本科 1 年生杂草,在我国南、北方的花生产区均有分布。狗尾草茎直立生长,叶带状,长 2～5 厘米,株高 30～80 厘米,簇生,每茎有一穗状花序，长 2～5 厘米，3～6 个小穗生一起，小穗茎部有 5～6 条刺毛，果穗有 0.5～0.6 厘米的长芒，棒状果穗形似狗尾。每簇狗尾草可产种子 3 000～5 000粒，种子在土中可存活 20 年以上。狗尾草根系发达，抗旱、耐贫瘠，生活力强，对花生生长影响甚大。可用甲草胺，乙草胺和异丙甲草胺等防除。

2. 白 茅

俗名"茅草"，属禾本科多年生根茎类杂草。有长葡萄状茎横卧地下，蔓延很广，黄白色，每节有鳞片和不定根。茎秆直立，高 25～80 厘米。叶片条形或条状披针形。圆锥花序紧缩成穗状，顶生。穗成熟后，小穗自柄上脱落，随风传播。茎分枝能力很强，即使入土很深的根茎，也能发生新芽，向地上长出新的枝叶。该草种多分布在河滩沙土花生产区。由于它繁殖力快，吸水能力强，严重影响花生产量的提高。采用噁草酮加大用药量防除，有很好的效果。

3. 马 齿 苋

俗名"马齿菜"，属马齿苋科，1 年生肉质草本植物。茎枝匍匐生长。带紫色，叶楔状，长圆形或倒卵形，光滑无柄。花 3～5 朵，生于茎枝顶端，无梗，黄色。果圆锥形，盖裂种子很多，每株可产 5 万多颗种子。马齿苋也是遍布全国的旱地杂草之一。在我国北方，每年 4～5 月份发芽出土，6～9 月份开花结实。

根系吸水肥能力较强,耐旱性极强。茎枝切成碎块,无须生根也能开花结籽,繁殖特别快,能严重影响花生产量。为此,一旦发现此杂草要及时消灭。可采用乙草胺和西草净等化学除草剂进行杀灭。搞地膜覆盖花生,有较好的消除效果。

4. 野苋菜

该杂草种类很多,主要有刺苋、反枝苋和绿苋。属苋科,1 年生肉质野菜。茎直立,株高 40～100 厘米,有棱,暗红色或紫红色,有纵条纹,分枝和叶片均为互生。叶菱形或椭圆形,俯生或顶生穗状花序。每株产种子 10 万～11 万粒,种子在土壤中可存活 20 年以上。是我国南、北方旱地分布较广的杂草之一。在北方一般每年 4～5 月份发芽出土,7～8 月份抽穗开花,9 月份结籽。由于植株高,叶片大,根须多,吸水肥能力强,遮光性大,对花生危害严重。地膜栽培时,采用西草净、噁草酮、乙草胺等除草剂均有很好的防除效果。

5. 藜

俗名"灰菜",属藜科,是我国南、北方分布较广的 1 年生阔叶杂草之一。在我国北方 4～5 月份发芽出苗,8～9 月份结籽,每株产籽 7 万～10 万粒。种子可在地里存活 30 多年。由于根系发达,植株高大,叶片多,吸水肥能力强,遮光量大,种子繁殖力强,因此对花生危害特别大。一经发现,就应及时采用西草净、噁草酮、乙草胺防除。

6. 铁苋头

俗名"牛舌腺",属大戟科1年生双子叶杂草。是我国旱地分布较广的杂草之一。在我国北方春季3～4月份发芽出苗。虽植株矮小,但生活力强,条件适合时,1年可生2茬,是棉铃虫,红蜘蛛及蚜虫的中间寄主,是危害花生的大敌。应在春季采用化学除草剂防除,随时进行人工拔除,彻底清除。用乙草胺和西草净等化学除草剂,防除效果较好。

7. 小蓟和大蓟

俗名"刺菜",属菊科多年生杂草。分布全国各地。有根状茎,地上茎直立生长,小蓟株高20～50厘米,大蓟株高50～100厘米,茎叶互生,在开花时凋落。叶呈矩形或长椭圆形,有尖刺,全缘或有齿裂,边缘有刺,头状花序单生于顶端,雌雄异柱,花冠紫红色,花期在4～5月份。主要靠根茎繁殖,根系很发达,可深达2～3米,由于根茎上有大量的芽,每处芽均可繁殖成新的植株,再生能力强。因其遮光性强,对花生前中期生育影响很大,而且也是蚜虫传播的中间寄主植物。可应用西草净、噁草酮、乙草胺防除。

8. 香附子

又叫"旱三棱"、"回头青",属莎草科多年旱生杂草。分布于我国南、北方沙土旱作花生产区。茎直立生长,高 20～30 厘米。茎基部圆形,地上部三棱形,排列呈复伞状花序,小穗上开 10～20 朵花,每株产 1 000～3 000 粒种子。有性繁殖靠种子,无性繁殖靠地下茎。地下茎分为根茎、鳞茎和块茎,该杂草繁殖力强。该草在我国北方 4 月初块茎,鳞茎和少量种子发芽出苗,5 月份大量繁茂生长,6～7 月份开花,8～10 月份结籽,并产生大量地下块茎,在生长季节,如只除去地上部株苗,其地下茎 1～2 天就能重新出土,故称"回头青"。该草繁殖快,生命力强,对花生危害大。可用西草净和扑草净防除。

(四)花生主要草害的防治技术

1. 农业措施除草

(1)合理轮作 轮作换茬可从根本上改变杂草的生态环境,有利于改变杂草群体,减少伴随性杂草种群密度,恶化杂草的生态环境,创造不利于杂草生长的环境条件,是铲除田间杂草的主要措施之一。

(2)深翻土地 深翻能把表土上的杂草种子较长时间埋入深层土壤中,使其不能正常萌发或丧失生长能力,较好地破坏多年生杂草的地下繁殖部分。同时,将部分杂草的地下根茎翻至土表,将其冻死或晒干,可以消灭多种 1 年生和多年生杂草。

（3）使用经处理的有机肥　我们所施用的有机肥多是"农家肥"，在"农家肥"中常混有大量的具有发芽能力的杂草种子。为防止杂草滋生，就必须将各种土杂肥经堆沤，发酵，腐熟，使杂草种子经过高温氨化，大部分丧失生命力，这样可减轻杂草危害。所以，将有机肥经处理后再施用，也是防治杂草的重要环节。

（4）中耕除草　在花生生长前期，进行中耕除草，是最常用的农业除草措施，是及时清除花生田间杂草，保证花生正常生长发育的重要手段。在花生生长后期，如花生中仍有杂草，以手工拔除为好。

2. 化学农药除草

（1）扑草净　该除草剂是国产可湿性白色粉剂，剂型较多。它是一种内吸传导型选择性低毒除草剂。能抑制杂草的光合作用，使之因生理饥饿而死。对杂草种子萌发影响很小，但可使萌发的幼苗很快死亡。主要防除马唐、稗、牛毛草、鸭舌草等1年生单子叶杂草和马齿苋等1年生双子叶恶性杂草，部分1年生阔叶类杂草和部分禾本科，莎草科杂草。中毒杂草出现失绿症状，逐渐干枯死亡，对花生安全。该除草剂是1种芽前除草剂，于花生播后出苗前使用，田间持效期达 40～70 天。适用于播前土壤处理和播后芽前土壤处理。每 667 米^2 用 80％扑草净可湿性粉剂 50～70 克，对水 50 升后均匀喷雾。要严格按照说明书使用标准用药。

（2）禾草丹　主要防除1年生禾本科杂草及香附子和一些阔叶类杂草，田间持效期达40～60天。每667米^{2}用70%禾草丹乳油180～250毫升，对水50升后均匀喷雾。

（3）二甲戊灵　主要防除1年生禾本科杂草及部分阔叶类杂草。每667米^{2}用33%二甲戊灵150～250毫升。花生播后芽前除草剂的防除效果与土壤湿度密切相关，土壤湿润时，药剂扩散，杂草萌发齐而快，防除效果好。土壤干旱，墒情差时，可结合浇水或加大喷水量（药量不变）来提高药效。出苗后，茎叶喷雾也可起到灭草效果。

（4）丙炔氟草胺　该除草剂主要是防除阔叶类杂草及部分禾本科杂草。每667米^{2}用50%丙炔氟草胺8～12克，对水50升，均匀喷于地表。为扩大杀草谱，可与乙草胺、异丙甲草胺混用。方法为每667米^{2}用丙炔氟草胺4克加乙草胺80～120毫升，或异丙甲草胺100～200毫升。

（5）高效氟吡甲禾灵　该药是一种芽后选择性低毒除草剂，主要防除1年生和多年生禾本科杂草，对抽穗前1年生和多年生禾本科杂草防除效果很好。

当花生长出2～4片叶时，禾本科杂草长出3～5片叶时，开始施药除草。防除1年生禾本科杂草，每667米^{2}用10.8%高效氟吡甲禾灵20～30毫升，喷雾于茎叶。干旱情况下可适当提高用药量。防除多年生禾本科杂草,每 667 米² 用 30～40 毫升。当花生田有禾本科杂草和苋、藜混生,可与灭草松、三氟羧草醚混用,扩大杀草谱,提高防效。每 667 米² 用氟吡甲禾灵 20～25 毫升加 24％乳氟禾草灵乳油 10 毫升,也可用灭草松 100～150 毫升,可防除多种单、双子叶杂草。

(6)烯草酮　该药主要消除 1 年生禾本科杂草,于杂草 2～4 叶期施药。每 667 米² 用 12％烯草酮 30～40 毫升,对水 30～40 升。晴天上午喷雾。

(7)氟吡禾草灵　主要防除禾本科杂草。每 667 米² 用 35％氟吡禾草灵 50～70 毫升,防除 1 年生禾本科杂草;用 80～120 毫升,防除多年生禾本科杂草。

(8)克草星　花生田专用除草剂。施药时期为杂草高度 5 厘米以下,花生 2～3 片复叶期,每 667 米² 用 6％克草星 50～60 毫升。

(9)咪唑乙烟酸　该药又名豆草唑,系低毒除草剂。为选择性芽前和早期苗后除草剂,适用于豆科作物,除 1 年生、多年生禾本科杂草和阔叶杂草等,杀虫谱广。在花生播后苗前喷于土壤表面,也可在花生出苗后茎叶处理。用药量每 667 米² 50～100 毫升,对水 50～70 升,搅拌使药液乳化。于花生播种后,整平地面,将药液全部均匀地喷于垄面,能起到良好的灭草效果。

金盾版图书，科学实用，
通俗易懂，物美价廉，欢迎选购

花生大豆油菜芝麻施肥技术	4.50 元	抗虫棉优良品种及栽培技术	13.00 元
花生高产种植新技术（第 3 版）	9.00 元	棉花高产优质栽培技术（第二次修订版）	10.00 元
花生高产栽培技术	5.00 元	棉花黄萎病枯萎病及其防治	8.00 元
花生标准化生产技术	11.00 元	棉花病虫害诊断与防治原色图谱	22.00 元
花生病虫草鼠害综合防治新技术	12.00 元	图说棉花基质育苗移栽	12.00 元
彩色花生优质高产栽培技术	10.00 元	怎样种好 Bt 抗虫棉	4.50 元
优质油菜高产栽培与利用	3.00 元	棉花规范化高产栽培技术	11.00 元
双低油菜新品种与栽培技术	9.00 元	棉花良种繁育与成苗技术	3.00 元
油菜芝麻良种引种指导	5.00 元	棉花良种引种指导（修订版）	13.00 元
油菜农艺工培训教材	9.00 元		
油菜植保员培训教材	10.00 元	棉花育苗移栽技术	5.00 元
芝麻高产技术（修订版）	3.50 元	棉花病害防治新技术	5.50 元
黑芝麻种植与加工利用	11.00 元	棉花病虫害防治实用技术	5.00 元
蓖麻栽培及病虫害防治	7.50 元		
蓖麻向日葵胡麻施肥技术	2.50 元	彩色棉在挑战——中国首次彩色棉研讨会论文集	15.00 元
油茶栽培及茶籽油制取	12.00 元		
棉花农艺工培训教材	10.00 元	特色棉高产优质栽培技术	11.00 元
棉花植保员培训教材	8.00 元		
棉花节本增效栽培技术	11.00 元	棉花红麻施肥技术	4.00 元

棉花病虫害及防治原色图册	13.00元
棉花盲椿象及其防治	10.00元
亚麻(胡麻)高产栽培技术	4.00元
葛的栽培与葛根的加工利用	11.00元
甘蔗栽培技术	6.00元
甜菜甘蔗施肥技术	3.00元
甜菜生产实用技术问答	8.50元
烤烟栽培技术	11.00元
药烟栽培技术	7.50元
烟草施肥技术	6.00元
烟草病虫害防治手册	11.00元
烟草病虫草害防治彩色图解	19.00元
花椒病虫害诊断与防治原色图谱	19.50元
花椒栽培技术	5.00元
八角种植与加工利用	7.00元
小粒咖啡标准化生产技术	10.00元
橡胶树栽培与利用	10.00元
芦苇和荻的栽培与利用	4.50元
城郊农村如何发展食用菌业	9.00元

食用菌制种工培训教材	9.00元
食用菌制种技术	8.00元
食用菌引种与制种技术指导(南方本)	7.00元
食用菌园艺工培训教材	9.00元
食用菌周年生产技术(修订版)	10.00元
高温食用菌栽培技术	8.00元
食用菌栽培与加工(第二版)	9.00元
食用菌优质高产栽培技术问答	16.00元
食用菌丰产增收疑难问题解答	13.00元
食用菌科学栽培指南	26.00元
食用菌栽培手册(修订版)	19.50元
食用菌高效栽培教材	7.50元
食用菌设施生产技术100题	8.00元
食用菌周年生产致富——河北唐县	7.00元
竹荪平菇金针菇猴头菌栽培技术问答(修订版)	7.50元
珍稀食用菌高产栽培	4.00元
珍稀菇菌栽培与加工	20.00元

　　以上图书由全国各地新华书店经销。凡向本社邮购图书或音像制品,可通过邮局汇款,在汇单"附言"栏填写所购书目,邮购图书均可享受9折优惠。购书30元(按打折后实款计算)以上的免收邮挂费,购书不足30元的按邮局资费标准收取3元挂号费,邮寄费由我社承担。邮购地址:北京市丰台区晓月中路29号,邮政编码:100072,联系人:金友,电话:(010)83210681、83210682、83219215、83219217(传真)。